この一冊があなたのビジネス力を育てる！

文書を作るって難しい！どうしてあの人はあんなに早く作れるの？
Wordで効率よく文書を作る方法を誰か教えて！
FOM出版のテキストはそんなあなたのビジネス力を育てます。
しっかり学んでステップアップしましょう。

第1章 Wordの基礎知識
Word習得の第一歩
基本操作をマスターしよう

Wordってお知らせやチラシなどの様々な文書が作成できるアプリだよね。画面にたくさんボタンがあって使い方がよくわからないなあ…。

Wordの画面構成は、基本的にOffice共通。ひとつ覚えたらほかのアプリにも応用できる！

表示倍率を調整して、文書全体や横向きの文書もしっかり確認！

文字を入力するとき、レイアウトを確認しながら編集するとき、作業に合わせて表示モードを切り替える！

Wordも画面構成や基本操作からマスターした方がよさそうだね。

Wordの基礎知識については **8ページ** を **check！**

第2章 文字の入力

どんな文書も入力が必須
文字の入力からはじめよう

ひらがな、カタカナ、英字、数字、それから漢字…。
文字の種類ってたくさんあるけど、どうやって切り替えて入力するの？
漢字の読み方がわからなかったら入力できないの？
文字入力に関する便利な機能も知りたいな。

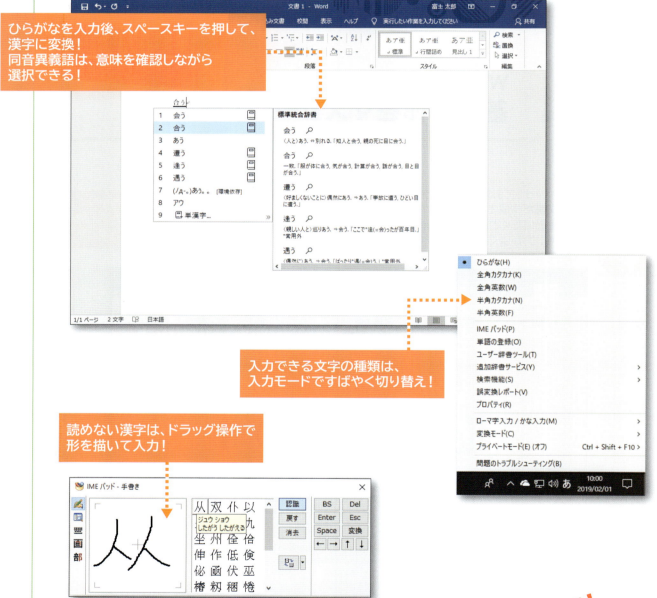

ひらがなを入力後、スペースキーを押して、漢字に変換！
同音異義語は、意味を確認しながら選択できる！

入力できる文字の種類は、入力モードですばやく切り替え！

読めない漢字は、ドラッグ操作で形を描いて入力！

文字の入力は、Wordだけでなくパソコン操作全般で利用するから、しっかりマスターしておかなくちゃ！

文字の入力については **28ページ** を **check!**

第3章 文書の作成

文書作成の基本テクニックを習得
ビジネス文書を作って印刷しよう

お客様宛の案内状。どんな挨拶の言葉を入れたらいいのかな？
ビジネス文書の形式として合っているのかな？
印刷したら見栄えが悪い。何度も印刷し直して用紙を無駄にしてしまった…。

- **文字の配置はボタンひとつで設定できる！**
- **頭語や結語、季節に合わせたあいさつ文などを自動的に入力できる！**
- **文字の大きさや書体を変えてタイトルを強調！**
- **箇条書きの先頭に番号を付けて、項目を見やすく整理！**
- **印刷前に、印刷イメージでページ全体を確認！バランスが悪かったら、ページ設定で行数や余白を調整！**

文書の作成については **62ページ** を **check!**

第4章 表の作成

表作成の基本テクニック
表を使って項目を整理しよう

文字ばかり並んで内容がわかりにくいなあ。もっと読みやすい文書にできないかな？

表にすると、項目が整理されて内容が読み取りやすい！

表の見栄えをよくするスタイルを瞬時に適用できる！

段落罫線を使って、区切り線を指定できる！

マス目をまとめたり、行の高さや列の幅を変更したり、レイアウト変更も自由自在！

罫線の種類や塗りつぶしを設定して、項目をわかりやすく！

表が作成できるようになると、いろいろ活用できそう！

表の作成については **104ページ** を check!

第5章 文書の編集

ワンランク上の編集テクニック
いろいろな編集機能を使ってみよう

作成した文書をもっと見栄えよくできないかな？
Wordには、どんな編集機能があるんだろう？

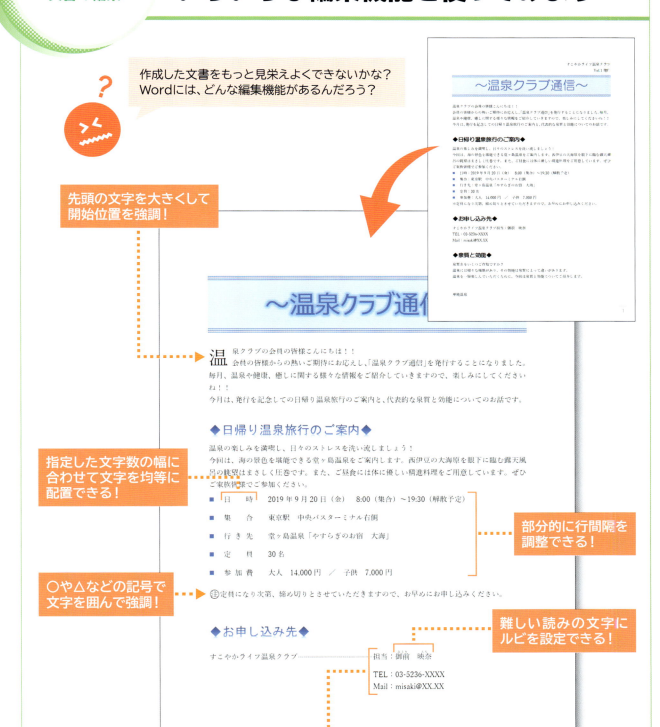

- 先頭の文字を大きくして開始位置を強調！
- 指定した文字数の幅に合わせて文字を均等に配置できる！
- 〇や△などの記号で文字を囲んで強調！
- 部分的に行間隔を調整できる！
- 難しい読みの文字にルビを設定できる！
- 特定の位置に文字の開始位置をそろえられる！

文字に輪郭、光彩などの視覚効果を設定して、さらに強調！

書式をコピーして、複数箇所に効率よく設定！

複数の段に分けて見やすく配置！

全ページにページ番号を入れて、わかりやすく！

◆泉質と効能◆

泉質名をいくつご存知ですか？
温泉には様々な種類があり、その効能は泉質によって違いがあります。
温泉を一層楽しんでいただくために、今回は泉質と効能についてご紹介します。

単純温泉
温泉温度が25度以上で、温泉水1キログラム中の含有成分が1000ミリグラム未満のお湯のことです。
神経痛、関節痛、筋肉痛、打ち身、冷え症、疲労回復などに効果があるといわれています。湯あたりが少ないので、長期の湯治に適した温泉です。

塩化物泉
単純温泉に次いで多い温泉です。旧泉質名で食塩泉と呼ばれていたものです。塩分による保温効果が高く、湯冷めしにくい温泉です。そのため「熱の湯」と呼ばれることがあります。

含鉄泉
名前のとおり温泉水1キログラム中に鉄分を20ミリグラム以上含むお湯で、炭酸水素塩型（鉄泉）と硫酸塩型（緑ばん泉）に分類されます。空気に触れると、赤褐色や茶褐色になる特徴があります。
婦人病や神経痛、貧血などに効果があるといわれています。

放射能泉
ラドンやトロンを含むお湯で、「ラジウム泉」とも呼ばれています。放射能というと驚きますが、湧き出した気体は空気中に散ってしまうので人体への影響は心配ありません。
痛風、動脈硬化症、高血圧、神経痛などに効果があるといわれています。

炭酸水素塩泉
カルシウム－炭酸水素塩泉（重炭酸土類泉）、ナトリウム－炭酸水素塩泉（重曹泉）などに分類されます。皮膚への効果があることから「美人の湯」と呼ばれることがあります。飲用により胃腸病にも効果があるといわれています。

二酸化炭素泉
温泉水1キログラム中に遊離炭酸1000ミリグラム以上を含み固形成分1グラム以下のお湯のことです。炭酸ガスが身体を刺激し、毛細血管を広げて血行を良くすることから、高血圧症や心臓病などに効果があるといわれています。

硫酸塩泉
マグネシウム－硫酸塩泉（正苦味泉）、ナトリウム－硫酸塩泉（芒硝泉）、カルシウム－硫酸塩泉（石膏泉）などに分類されます。
動脈硬化の予防、関節痛に効果があるといわれています。苦味がありますが、飲用により脳卒中の予防や後遺症に効果があるといわれています。

文書の編集については **140ページ** を **check!**

第6章 表現力をアップする機能

魅力的な文書に大変身
グラフィック機能を使って視覚に訴える文書を作ろう

文字ばかりだとインパクトがないなあ。お客様向けのチラシだから、もっと目立たせたい…。

- 魅力的なタイトルが作成できる！
- 図形を使ってメリハリを付ける！
- 自分で撮影した写真も挿入できる！挿入した写真に洗練されたスタイルを適用！
- ページの周囲に飾りの罫線を引いて強調！
- 文書全体の配色やフォントなどを一括設定！

簡単な操作でチラシが見違えるように変身したよ！

表現力をアップする機能については **170ページ** を **check!**

第7章 便利な機能

頼もしい機能が充実
Wordの便利な機能を使いこなそう

だいぶWordの基本的な使い方がわかってきたよ。
ほかに知っておくと便利な機能ってないのかな？

文書をPDFファイルとして保存すれば、
閲覧用やチラシとして配布するなど、
活用方法もいろいろ！

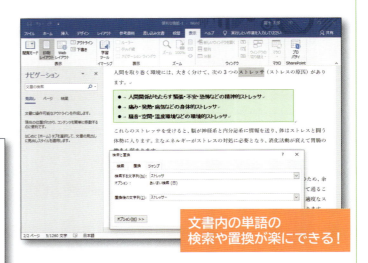

文書内の単語の
検索や置換が楽にできる！

WordでPDFファイルを
開いて編集できるから、
修正事項があっても安心！

検索・置換機能も文書の修正に活躍しそうだね！
WordでPDFファイルが作れたり、PDFファイルを
編集したりできるなんて便利だな！

便利な機能については **200ページ** を **check!**

はじめに

Microsoft® Word 2019は、やさしい操作性と優れた機能を兼ね備えたワープロソフトです。
本書は、初めてWordをお使いになる方を対象に、文字の入力、文書の作成や編集、印刷、表の作成、図形の作成など基本的な機能と操作方法をわかりやすく解説しています。また、練習問題を豊富に用意しており、問題を解くことによって理解度を確認でき、着実に実力を身に付けられます。
表紙の裏にはWordで使える便利な「**ショートカットキー一覧**」、巻末にはWord 2019の新機能を効率的に習得できる「**Word 2019の新機能**」を収録しています。
本書は、経験豊富なインストラクターが、日ごろのノウハウをもとに作成しており、講習会や授業の教材としてご利用いただくほか、自己学習の教材としても最適なテキストとなっております。
本書を通して、Wordの知識を深め、実務にいかしていただければ幸いです。

本書を購入される前に必ずご一読ください

本書は、2018年12月現在のWord 2019（16.0.10338.20019）に基づいて解説しています。本書発行後のWindowsやOfficeのアップデートによって機能が更新された場合には、本書の記載のとおりに操作できなくなる可能性があります。あらかじめご了承のうえ、ご購入・ご利用ください。

2019年2月5日
FOM出版

◆Microsoft、Excel、PowerPoint、Windowsは、米国Microsoft Corporationの米国およびその他の国における登録商標または商標です。
◆その他、記載されている会社および製品などの名称は、各社の登録商標または商標です。
◆本文中では、TMや®は省略しています。
◆本文中のスクリーンショットは、マイクロソフトの許可を得て使用しています。
◆本文およびデータファイルで題材として使用している個人名、団体名、商品名、ロゴ、連絡先、メールアドレス、場所、出来事などは、すべて架空のものです。実在するものとは一切関係ありません。

目次

■ ショートカットキー一覧

■ 本書をご利用いただく前に 1

■ 第1章　Wordの基礎知識 8

　Check　この章で学ぶこと 9
　Step1　Wordの概要 10
　　●1　Wordの概要 10
　Step2　Wordを起動する 13
　　●1　Wordの起動 13
　　●2　Wordのスタート画面 14
　Step3　文書を開く 15
　　●1　文書を開く 15
　Step4　Wordの画面構成 17
　　●1　Wordの画面構成 17
　　●2　画面のスクロール 18
　　●3　表示モードの切り替え 20
　　●4　表示倍率の変更 23
　Step5　文書を閉じる 25
　　●1　文書を閉じる 25
　Step6　Wordを終了する 27
　　●1　Wordの終了 27

■ 第2章　文字の入力 28

　Check　この章で学ぶこと 29
　Step1　IMEを設定する 30
　　●1　IME 30
　　●2　ローマ字入力とかな入力 30
　　●3　入力モード 31
　Step2　文字を入力する 32
　　●1　新しい文書の作成 32
　　●2　英数字の入力 33
　　●3　記号の入力 34
　　●4　ひらがなの入力 36
　　●5　入力中の文字の訂正 40

Step3	文字を変換する		42
	●1	漢字変換	42
	●2	変換候補一覧からの選択	43
	●3	カタカナ変換	44
	●4	記号変換	45
	●5	再変換	47
	●6	ファンクションキーを使った変換	48
Step4	文章を変換する		50
	●1	文章の変換	50
	●2	文節単位の変換	50
	●3	一括変換	51
Step5	単語を登録する		54
	●1	単語の登録	54
	●2	単語の呼び出し	55
	●3	登録した単語の削除	55
Step6	読めない漢字を入力する		57
	●1	IMEパッドの利用	57
	●2	手書きアプレットを使った入力	58
	●3	部首アプレットを使った入力	59
Step7	文書を保存せずにWordを終了する		60
	●1	文書を保存せずにWordを終了	60
練習問題			61

■第3章　文書の作成　62

Check	この章で学ぶこと		63
Step1	作成する文書を確認する		64
	●1	作成する文書の確認	64
Step2	ページのレイアウトを設定する		65
	●1	ページ設定	65
Step3	文章を入力する		67
	●1	編集記号の表示	67
	●2	日付の入力	67
	●3	文章の入力	69
	●4	頭語と結語の入力	69
	●5	あいさつ文の入力	70
	●6	記書きの入力	72

Step4	**範囲を選択する**	74
	●1　範囲選択	74
	●2　文字単位の範囲選択	74
	●3　行単位の範囲選択	76
Step5	**文字を削除・挿入する**	77
	●1　削除	77
	●2　挿入	78
Step6	**文字をコピー・移動する**	79
	●1　コピー	79
	●2　移動	81
Step7	**文字の配置をそろえる**	83
	●1　中央揃え・右揃え	83
	●2　インデント	86
	●3　段落番号	88
Step8	**文字を装飾する**	90
	●1　フォントサイズ	90
	●2　フォント	91
	●3　太字・斜体	92
	●4　下線	93
Step9	**文書を保存する**	94
	●1　名前を付けて保存	94
	●2　上書き保存	96
Step10	**文書を印刷する**	97
	●1　印刷する手順	97
	●2　印刷イメージの確認	97
	●3　ページ設定	99
	●4　印刷	100
練習問題		101

■第4章　表の作成　　104

Check	この章で学ぶこと	105
Step1	作成する文書を確認する	106
	●1　作成する文書の確認	106
Step2	表を作成する	107
	●1　表の構成	107
	●2　表の作成方法	107
	●3　表の挿入	108
	●4　文字の入力	110
Step3	表の範囲を選択する	111
	●1　セルの選択	111
	●2　行の選択	112
	●3　列の選択	112
	●4　表全体の選択	113
Step4	表のレイアウトを変更する	114
	●1　行の挿入	114
	●2　行の削除	115
	●3　列幅の変更	116
	●4　行の高さの変更	118
	●5　表のサイズ変更	119
	●6　セルの結合	121
	●7　セルの分割	123
Step5	表に書式を設定する	124
	●1　セル内の文字の配置の変更	124
	●2　セル内の均等割り付け	127
	●3　表の配置の変更	128
	●4　罫線の変更	129
	●5　セルの塗りつぶしの設定	131
Step6	表にスタイルを適用する	133
	●1　表のスタイルの適用	133
	●2　表スタイルのオプションの設定	134
Step7	段落罫線を設定する	136
	●1　段落罫線の設定	136
練習問題		138

■第5章　文書の編集　140

Check	この章で学ぶこと	141
Step1	作成する文書を確認する	142
	●1　作成する文書の確認	142
Step2	いろいろな書式を設定する	143
	●1　文字の均等割り付け	143
	●2　囲い文字	144
	●3　ルビ（ふりがな）	146
	●4　文字の効果	148
	●5　書式のコピー/貼り付け	150
	●6　行間	152
	●7　タブとリーダー	153
	●8　ドロップキャップ	160
Step3	段組みを設定する	162
	●1　段組み	162
	●2　改ページ	165
Step4	ページ番号を追加する	166
	●1　ページ番号の追加	166
練習問題		168

■第6章　表現力をアップする機能　170

Check	この章で学ぶこと	171
Step1	作成する文書を確認する	172
	●1　作成する文書の確認	172
Step2	ワードアートを挿入する	173
	●1　ワードアート	173
	●2　ワードアートの挿入	173
	●3　ワードアートのフォント・フォントサイズの変更	175
	●4　ワードアートのスタイルの変更	177
	●5　ワードアートのサイズ変更と移動	180
Step3	画像を挿入する	182
	●1　画像	182
	●2　画像の挿入	182
	●3　文字列の折り返し	184
	●4　画像のサイズ変更と移動	186
	●5　図のスタイルの適用	188
	●6　画像の枠線の変更	189

	Step4	図形を作成する	191
		●1　図形	191
		●2　図形の作成	191
		●3　図形のスタイルの適用	193
	Step5	ページ罫線を設定する	194
		●1　ページ罫線	194
		●2　ページ罫線の設定	194
	Step6	テーマを適用する	196
		●1　テーマ	196
		●2　テーマの適用	196
		●3　テーマのカスタマイズ	197
	練習問題		198

■第7章　便利な機能　200

	Check	この章で学ぶこと	201
	Step1	検索・置換する	202
		●1　検索	202
		●2　置換	205
	Step2	PDFファイルを操作する	208
		●1　PDFファイル	208
		●2　PDFファイルとして保存	208
		●3　PDFファイルの編集	210
	練習問題		213

■総合問題　214

総合問題1	215
総合問題2	217
総合問題3	219
総合問題4	221
総合問題5	223
総合問題6	225
総合問題7	227
総合問題8	229
総合問題9	231
総合問題10	233

■付録　Word 2019の新機能 ------ 236

Step1　アイコンを挿入する ------ 237
- ●1　アイコン　237
- ●2　アイコンの挿入　237
- ●3　アイコンの書式設定　239
- ●4　アイコンを図形に変換　241

Step2　3Dモデルを挿入する ------ 245
- ●1　3Dモデル　245
- ●2　3Dモデルの挿入　245
- ●3　3Dモデルの回転　247

Step3　インクを図形に変換する ------ 249
- ●1　インクを図形に変換　249
- ●2　《描画》タブの表示　250
- ●3　図形の描画　251

■索引 ------ 254

■ローマ字・かな対応表 ------ 261

■別冊　練習問題・総合問題　解答

購入特典

本書を購入された方には、次の特典（PDFファイル）をご用意しています。FOM出版のホームページからダウンロードして、ご利用ください。

特典1　ビジネス文書の基礎知識

Step1　ビジネス文書とは何かを確認する …………………………………… 2
Step2　ビジネス文書の基本形を確認する …………………………………… 4
Step3　ビジネス文書の定型表現を確認する ………………………………… 8

特典2　Office 2019の基礎知識

Step1　コマンドの実行方法 …………………………………………………… 2
Step2　タッチモードへの切り替え …………………………………………… 10
Step3　タッチの基本操作 ……………………………………………………… 12
Step4　タッチキーボード ……………………………………………………… 17
Step5　タッチ操作の範囲選択 ………………………………………………… 20
Step6　タッチ操作の留意点 …………………………………………………… 22

【ダウンロード方法】

①次のホームページにアクセスします。

　ホームページ・アドレス

　http://www.fom.fujitsu.com/goods/eb/

②「Word 2019基礎（FPT1815）」の《特典を入手する》を選択します。

③本書の内容に関する質問に回答し、《入力完了》を選択します。

④ファイル名を選択して、ダウンロードします。

本書をご利用いただく前に

本書で学習を進める前に、ご一読ください。

1 本書の記述について

操作の説明のために使用している記号には、次のような意味があります。

記述	意味	例
☐	キーボード上のキーを示します。	Ctrl　F4
☐+☐	複数のキーを押す操作を示します。	Ctrl+C （Ctrlを押しながらCを押す）
《　》	ダイアログボックス名やタブ名、項目名など画面の表示を示します。	《ページ設定》ダイアログボックスが表示されます。《挿入》タブを選択します。
「　」	重要な語句や機能名、画面の表示、入力する文字などを示します。	「文書を開く」といいます。「拝啓」と入力します。

 学習の前に開くファイル

 知っておくべき重要な内容

 知っていると便利な内容

※ 補足的な内容や注意すべき内容

Let's Try 学習した内容の確認問題

 確認問題の答え

 問題を解くためのヒント

2 製品名の記載について

本書では、次の名称を使用しています。

正式名称	本書で使用している名称
Windows 10	Windows 10 または Windows
Microsoft Office 2019	Office 2019 または Office
Microsoft Word 2019	Word 2019 または Word
Microsoft IME	IME

3 効果的な学習の進め方について

本書の各章は、次のような流れで学習を進めると、効果的な構成になっています。

1 学習目標を確認

学習を始める前に、「この章で学ぶこと」で学習目標を確認しましょう。
学習目標を明確にすることによって、習得すべきポイントが整理できます。

2 章の学習

学習目標を意識しながら、Wordの機能や操作を学習しましょう。

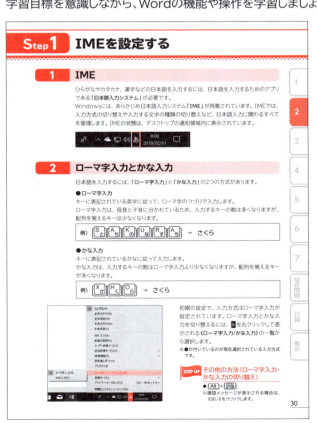

本書をご利用いただく前に

3 練習問題にチャレンジ

章の学習が終わったあと、「練習問題」にチャレンジしましょう。
章の内容がどれくらい理解できているかを把握できます。

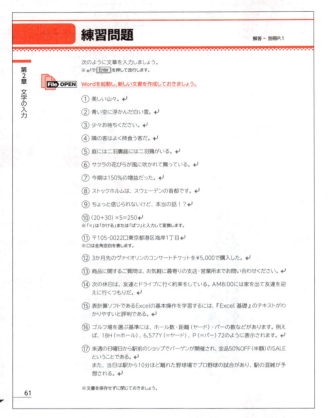

4 学習成果をチェック

章の始めの「この章で学ぶこと」に戻って、学習目標を達成できたかどうかをチェックしましょう。
十分に習得できなかった内容については、該当ページを参照して復習するとよいでしょう。

4　学習環境について

本書を学習するには、次のソフトウェアが必要です。

●Word 2019

本書を開発した環境は、次のとおりです。
・OS：Windows 10（ビルド17763.195）
・アプリケーションソフト：Microsoft Office Professional Plus
　　　　　　　　　　　　Microsoft Word 2019（16.0.10338.20019）
・ディスプレイ：画面解像度　1024×768ピクセル
※インターネットに接続できる環境で学習することを前提に記述しています。
※環境によっては、画面の表示が異なる場合や記載の機能が操作できない場合があります。

◆画面解像度の設定
画面解像度を本書と同様に設定する方法は、次のとおりです。
①デスクトップの空き領域を右クリックします。
②《ディスプレイ設定》をクリックします。
③《解像度》の▽をクリックし、一覧から《1024×768》を選択します。
※確認メッセージが表示される場合は、《変更の維持》をクリックします。

◆ボタンの形状
ディスプレイの画面解像度やウィンドウのサイズなど、お使いの環境によって、ボタンの形状やサイズが異なる場合があります。ボタンの操作は、ポップヒントに表示されるボタン名を確認してください。
※本書に掲載しているボタンは、ディスプレイの画面解像度を「1024×768ピクセル」、ウィンドウを最大化した環境を基準にしています。

◆スタイルや色の名前
本書発行後のWindowsやOfficeのアップデートによって、ポップヒントに表示されるスタイルや色などの項目の名前が変更される場合があります。本書に記載されている項目名が一覧にない場合は、掲載画面の色が付いている位置を参考に、任意の項目を選択してください。

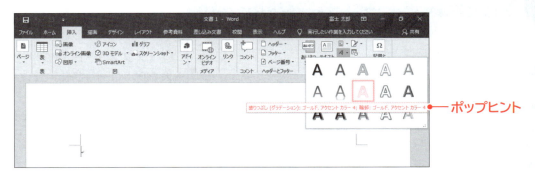

5 学習ファイルのダウンロードについて

本書で使用するファイルは、FOM出版のホームページで提供しています。
ダウンロードしてご利用ください。

ホームページ・アドレス

http://www.fom.fujitsu.com/goods/

ホームページ検索用キーワード

FOM出版

◆ダウンロード

学習ファイルをダウンロードする方法は、次のとおりです。
①ブラウザーを起動し、FOM出版のホームページを表示します。
※アドレスを直接入力するか、キーワードでホームページを検索します。
②《ダウンロード》をクリックします。
③《アプリケーション》の《Word》をクリックします。
④《Word 2019 基礎　FPT1815》をクリックします。
⑤「fpt1815.zip」をクリックします。
⑥ダウンロードが完了したら、ブラウザーを終了します。
※ダウンロードしたファイルは、パソコン内のフォルダー「ダウンロード」に保存されます。

◆ダウンロードしたファイルの解凍

ダウンロードしたファイルは圧縮されているので、解凍（展開）します。
ダウンロードしたファイル「**fpt1815.zip**」を《**ドキュメント**》に解凍する方法は、次のとおりです。

①デスクトップ画面を表示します。
②タスクバーの ■ （エクスプローラー）を
　クリックします。

③《**ダウンロード**》をクリックします。
※《ダウンロード》が表示されていない場合は、《PC》をダブルクリックします。
④ファイル「**fpt1815**」を右クリックします。
⑤《**すべて展開**》をクリックします。

⑥《参照》をクリックします。

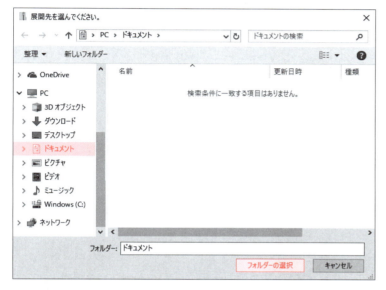

⑦《ドキュメント》をクリックします。
※《ドキュメント》が表示されていない場合は、《PC》をダブルクリックします。
⑧《フォルダーの選択》をクリックします。

⑨《ファイルを下のフォルダーに展開する》が「C:¥Users¥(ユーザー名)¥Documents」に変更されます。
⑩《完了時に展開されたファイルを表示する》を✓にします。
⑪《展開》をクリックします。

⑫ファイルが解凍され、《ドキュメント》が開かれます。
⑬フォルダー「Word2019基礎」が表示されていることを確認します。
※すべてのウィンドウを閉じておきましょう。

◆学習ファイルの一覧

フォルダー「Word2019基礎」には、学習ファイルが入っています。タスクバーの ■ (エクスプローラー)→《PC》→《ドキュメント》をクリックし、一覧からフォルダーを開いて確認してください。

◆学習ファイルの場所

本書では、学習ファイルの場所を《ドキュメント》内のフォルダー「Word2019基礎」としています。《ドキュメント》以外の場所に解凍した場合は、フォルダーを読み替えてください。

◆学習ファイル利用時の注意事項

ダウンロードした学習ファイルを開く際、そのファイルが安全かどうかを確認するメッセージが表示される場合があります。学習ファイルは安全なので、《編集を有効にする》をクリックして、編集可能な状態にしてください。

6 本書の最新情報について

本書に関する最新のQ＆A情報や訂正情報、重要なお知らせなどについては、FOM出版のホームページでご確認ください。

ホームページ・アドレス

http://www.fom.fujitsu.com/goods/

ホームページ検索用キーワード

FOM出版

第1章

Wordの基礎知識

Check	この章で学ぶこと	9
Step1	Wordの概要	10
Step2	Wordを起動する	13
Step3	文書を開く	15
Step4	Wordの画面構成	17
Step5	文書を閉じる	25
Step6	Wordを終了する	27

第1章 この章で学ぶこと

学習前に習得すべきポイントを理解しておき、
学習後には確実に習得できたかどうかを振り返りましょう。

1	Wordで何ができるかを説明できる。	→ P.10
2	Wordを起動できる。	→ P.13
3	Wordのスタート画面の使い方を説明できる。	→ P.14
4	既存の文書を開くことができる。	→ P.15
5	Wordの画面の各部の名称や役割を説明できる。	→ P.17
6	画面をスクロールして、文書の内容を確認できる。	→ P.18
7	表示モードの違いを理解し、使い分けることができる。	→ P.20
8	表示モードを切り替えることができる。	→ P.20
9	文書の表示倍率を変更できる。	→ P.23
10	文書を閉じることができる。	→ P.25
11	Wordを終了できる。	→ P.27

Step1 Wordの概要

1 Wordの概要

「Word」は、文書を作成するためのワープロソフトです。効率よく文字を入力したり、表やイラスト・写真・図形などを使って表現力豊かな文書を作成したりできます。
Wordには、主に次のような機能があります。

1 文字の入力

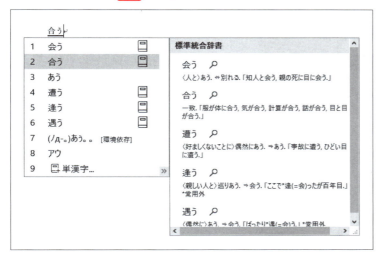

日本語入力システム「IME」を使って文字をスムーズに入力できます。
入力済みの文字を再変換したり、入力内容から予測候補を表示したり、読めない漢字を検索したりする便利な機能が搭載されています。

2 ビジネス文書の作成

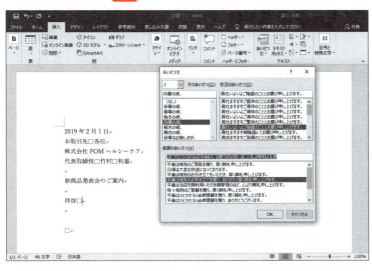

定型のビジネス文書を効率的に作成できます。頭語と結語・あいさつ文・記書きなどの入力をサポートするための機能が充実しています。

3 表の作成

行数や列数を指定するだけで簡単に表を作成できます。行や列を挿入・削除したり、列幅や行の高さを変更したりできます。
また、罫線の種類や太さ、色などを変更することもできます。

4 表現力のある文書の作成

文字を装飾して魅力的なタイトルを作成したり、イラストや写真、図形などを挿入したりしてインパクトのある文書を作成できます。
また、スタイルの機能を使って、イラストや図形、表などに洗練されたデザインを瞬時に適用して見栄えを整えることができます。

5 差し込み印刷

作成した文書に別ファイルのデータを差し込んで印刷することができます。WordやExcelで作成した顧客名簿や住所録などの情報を、文書内の指定した位置に差し込んで印刷したり、ラベルや封筒などに宛先として印刷したりできます。

6 長文の作成

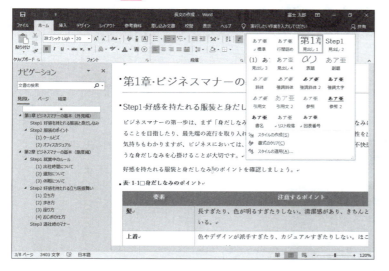

ページ数の多い報告書や論文など、長文を作成するときに便利な機能が用意されています。
見出しのレベルを設定したり、見出しのスタイルを整えたりできます。また、見出しを利用して目次を作成したり、簡単な操作で、すばやく表紙を挿入したりできます。

7 文章の校閲

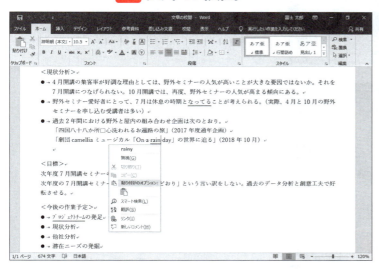

文章を校閲する機能を使って、誤字や脱字がないか、表記ゆれやスペルミスがないかなどをチェックすることができます。また、変更履歴の機能を使って、変更内容を記録して校閲できます。

Step 2 Wordを起動する

1 Wordの起動

Wordを起動しましょう。

① ⊞(スタート)をクリックします。
スタートメニューが表示されます。

②《Word》をクリックします。
※表示されていない場合は、スクロールして調整します。

Wordが起動し、Wordのスタート画面が表示されます。
③タスクバーに ■ が表示されていることを確認します。
※ウィンドウが最大化されていない場合は、□ (最大化)をクリックしておきましょう。

2 Wordのスタート画面

Wordが起動すると、「**スタート画面**」が表示されます。スタート画面では、これから行う作業を選択します。
スタート画面を確認しましょう。

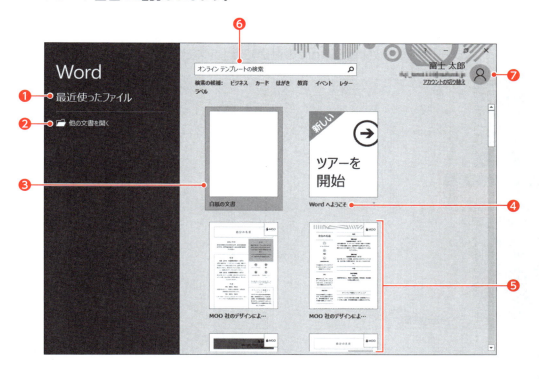

❶最近使ったファイル
最近開いた文書がある場合、その一覧が表示されます。「**今日**」「**昨日**」「**今週**」のように時系列で分類されています。
一覧から選択すると、文書が開かれます。

❷他の文書を開く
すでに保存済みの文書を開く場合に使います。

❸白紙の文書
新しい文書を作成します。
何も入力されていない白紙の文書が表示されます。

❹Wordへようこそ
Word 2019の新機能を紹介する文書が開かれます。

❺その他の文書
新しい文書を作成します。
あらかじめ書式が設定された文書が表示されます。

❻検索ボックス
あらかじめ書式が設定された文書をインターネット上から検索する場合に使います。

❼Microsoftアカウントのユーザー情報
Microsoftアカウントでサインインしている場合、その表示名やメールアドレスなどが表示されます。
※サインインしなくても、Wordを利用できます。

POINT サインイン・サインアウト

「サインイン」とは、正規のユーザーであることを証明し、サービスを利用できる状態にする操作です。
「サインアウト」とは、サービスの利用を終了する操作です。

Step3 文書を開く

1 文書を開く

すでに保存済みの文書をWordのウィンドウに表示することを「**文書を開く**」といいます。スタート画面から文書「**Wordの基礎知識**」を開きましょう。

① スタート画面が表示されていることを確認します。
② 《他の文書を開く》をクリックします。

文書が保存されている場所を選択します。
③ 《参照》をクリックします。

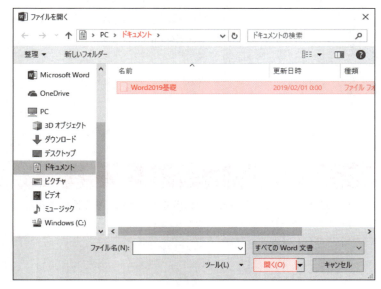

《**ファイルを開く**》ダイアログボックスが表示されます。
④ 《ドキュメント》が開かれていることを確認します。
※《ドキュメント》が開かれていない場合は、《PC》→《ドキュメント》をクリックします。
⑤ 一覧から「**Word2019基礎**」を選択します。
⑥ 《開く》をクリックします。

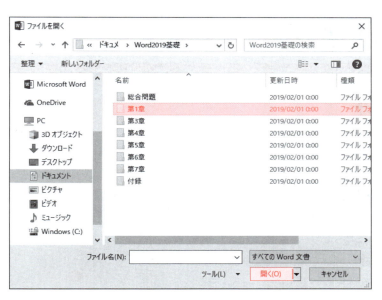

⑦一覧から「**第1章**」を選択します。
⑧《**開く**》をクリックします。

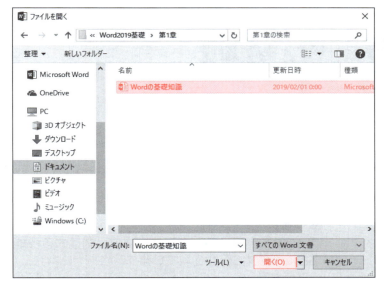

開く文書を選択します。
⑨一覧から「**Wordの基礎知識**」を選択します。
⑩《**開く**》をクリックします。

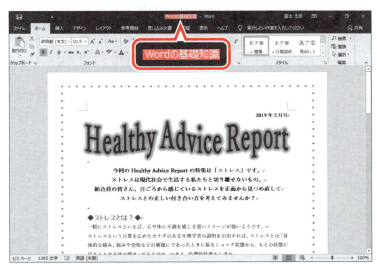

文書が開かれます。
⑪タイトルバーに文書の名前が表示されていることを確認します。

POINT 文書を開く

Wordを起動した状態で、すでに保存済みの文書を開く方法は、次のとおりです。
◆《ファイル》タブ→《開く》

Step4 Wordの画面構成

1 Wordの画面構成

Wordの画面構成を確認しましょう。

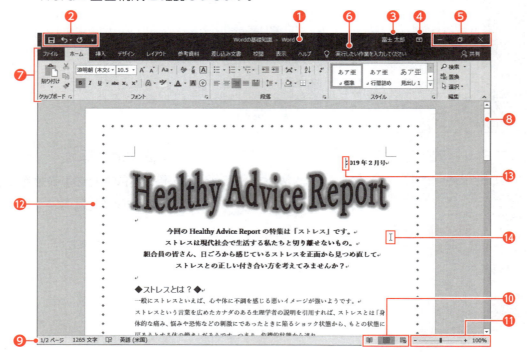

❶タイトルバー
ファイル名やアプリ名が表示されます。

❷クイックアクセスツールバー
よく使うコマンド（作業を進めるための指示）を登録できます。初期の設定では、🔲（上書き保存）、🔄（元に戻す）、🔁（繰り返し）の3つのコマンドが登録されています。
※タッチ対応のパソコンでは、3つのコマンドのほかに（タッチ/マウスモードの切り替え）が登録されています。

❸Microsoftアカウントの表示名
サインインしている場合に表示されます。

❹リボンの表示オプション
リボンの表示方法を変更するときに使います。

❺ウィンドウの操作ボタン
　（最小化）
ウィンドウが一時的に非表示になり、タスクバーにアイコンが表示されます。
　（元に戻す（縮小））
ウィンドウが元のサイズに戻ります。
※　（最大化）
　ウィンドウを元のサイズに戻すと、　（元に戻す（縮小））から　（最大化）に切り替わります。クリックすると、ウィンドウが最大化されて、画面全体に表示されます。
　（閉じる）
Wordを終了します。

❻操作アシスト
機能や用語の意味を調べたり、リボンから探し出せないコマンドをダイレクトに実行したりするときに使います。

❼リボン
コマンドを実行するときに使います。関連する機能ごとに、タブに分類されています。
※タッチ対応のパソコンでは、《ファイル》タブと《ホーム》タブの間に《タッチ》タブが表示される場合があります。

❽スクロールバー
文書の表示領域を移動するときに使います。
※スクロールバーは、マウスを文書内で動かすと表示されます。

❾ステータスバー
文書のページ数や文字数、選択されている言語などが表示されます。また、コマンドを実行すると、作業状況や処理手順などが表示されます。

❿表示選択ショートカット
表示モードを切り替えるときに使います。

⓫ズーム
文書の表示倍率を変更するときに使います。

⓬選択領域
ページの左端にある領域です。行を選択したり、文章全体を選択したりするときに使います。

⓭カーソル
文字を入力する位置やコマンドを実行する位置を示します。

⓮マウスポインター
マウスの動きに合わせて移動します。画面の位置や選択するコマンドによって形が変わります。

2 画面のスクロール

画面に表示する範囲を移動することを「**スクロール**」といいます。目的の場所が表示されていない場合は、スクロールバーを使って文書の表示領域をスクロールします。
スクロールバーは、マウスをリボンに移動したり一定時間マウスを動かさなかったりすると非表示になりますが、マウスを文書内で動かすと表示されます。

1 クリックによるスクロール

表示領域を少しだけスクロールしたい場合は、スクロールバーの ▲ や ▼ を使うと便利です。クリックした分だけ画面を上下にスクロールできます。
画面を下にスクロールしましょう。

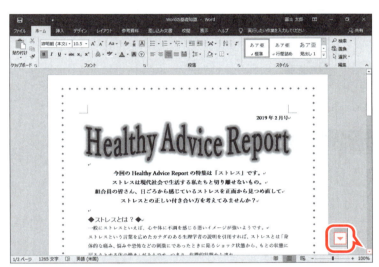

①スクロールバーの ▼ を何度かクリックします。

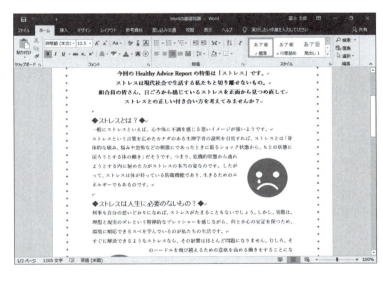

下にスクロールされます。
※カーソルの位置は変わりません。
※クリックするごとに、画面が下にスクロールします。

2 ドラッグによるスクロール

表示領域を大きくスクロールしたい場合は、スクロールバーを使うと便利です。ドラッグした分だけ画面を上下にスクロールできます。
次のページにスクロールしましょう。

①スクロールバーを下にドラッグします。
ドラッグ中、現在表示しているページのページ番号が表示されます。

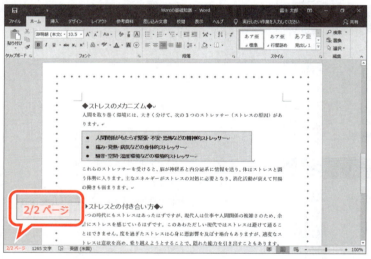

2ページ目が表示されます。
②現在のページ数がステータスバーに表示されていることを確認します。
※カーソルの位置は変わりません。
※スクロールバーを上にドラッグして、1ページ目の文頭を表示しておきましょう。

STEP UP スクロール機能付きマウス

多くのマウスには、スクロール機能付きの「ホイール」が装備されています。ホイールを使うと、スクロールバーを使わなくても上下にスクロールできます。

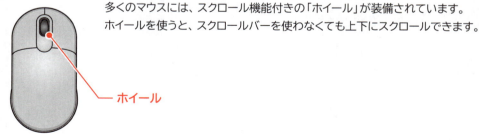

3 表示モードの切り替え

Wordには、次のような表示モードが用意されています。
表示モードを切り替えるには、表示選択ショートカットのボタンをそれぞれクリックします。

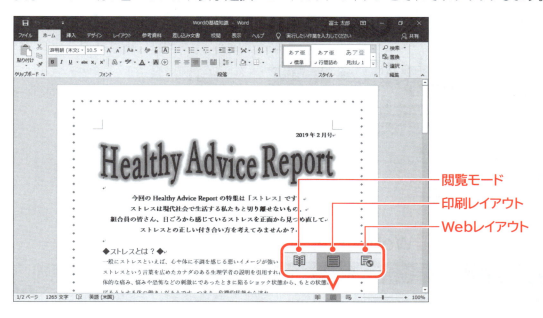

- 閲覧モード
- 印刷レイアウト
- Webレイアウト

STEP UP その他の方法（表示モードの切り替え）

◆《表示》タブ→《表示》グループ

1 閲覧モード

画面の幅に合わせて文章が折り返されて表示されます。クリック操作で文書をすばやくスクロールすることができるので、電子書籍のような感覚で文書を閲覧できます。画面上で文書を読む場合に便利です。

2 印刷レイアウト

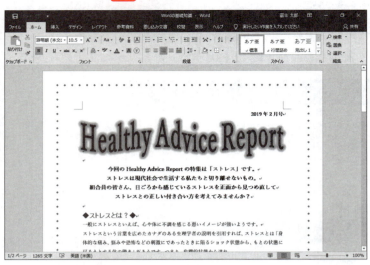

印刷結果とほぼ同じレイアウトで表示されます。余白や図形などがイメージどおりに表示されるので、全体のレイアウトを確認しながら編集する場合に便利です。通常、この表示モードで文書を作成します。

3 Webレイアウト

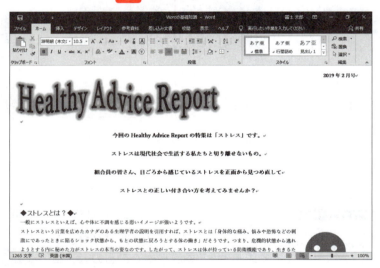

ブラウザーで文書を開いたときと同じイメージで表示されます。文書をWebページとして保存する前に、イメージを確認する場合に便利です。

STEP UP その他の表示モード

Wordには、「アウトライン表示」や「下書き」と呼ばれる表示モードも用意されています。

アウトライン表示

文書を見出しごとに折りたたんだり、展開したりして表示できます。文書の全体の構成を確認したり、文章を入れ替えたりできます。文書の内容を系統立てて整理する場合に便利です。
◆《表示》タブ→《表示》グループの アウトライン （アウトライン表示）

下書き

ページのレイアウトが簡略化して表示されます。余白や図形などの表示を省略するため、文字をすばやく入力したり、編集したりする場合に便利です。
◆《表示》タブ→《表示》グループの 下書き （下書き）

POINT 閲覧モード

閲覧モードに切り替えると、すばやくスクロールしたり、文書中の表やワードアート、画像などのオブジェクトを拡大したりできます。

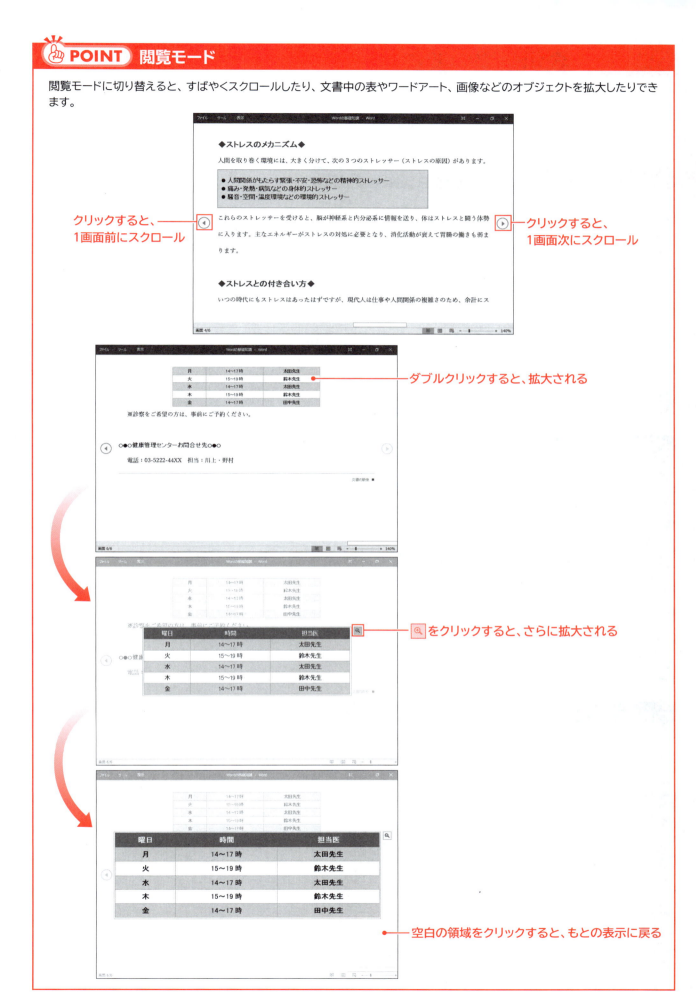

4 表示倍率の変更

画面の表示倍率は10～500％の範囲で自由に変更できます。表示倍率を変更するには、ステータスバーのズーム機能を使うと便利です。
画面の表示倍率を変更しましょう。

①表示倍率が100％になっていることを確認します。

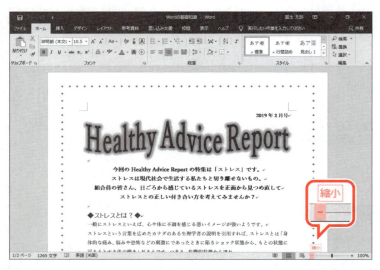

文書の表示倍率を縮小します。
②　(縮小)を2回クリックします。
※クリックするごとに、10％ずつ縮小されます。

表示倍率が80％になります。
表示倍率を100％に戻します。
③　(拡大)を2回クリックします。
※クリックするごとに、10％ずつ拡大されます。

表示倍率が100%になります。

④ 100% をクリックします。

《ズーム》ダイアログボックスが表示されます。

⑤《ページ幅を基準に表示》を◉にします。

⑥《OK》をクリックします。

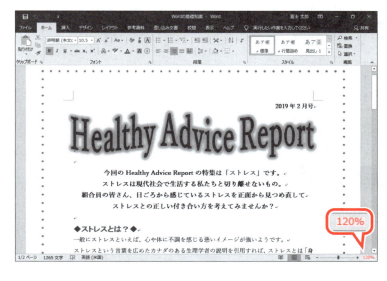

表示倍率が自動的に調整されます。
※お使いの環境によって、表示倍率は異なります。

STEP UP その他の方法（表示倍率の変更）

◆《表示》タブ→《ズーム》グループの (ズーム)→表示倍率を指定
◆ステータスバーの (ズーム)をドラッグ

Step 5 文書を閉じる

1 文書を閉じる

開いている文書の作業を終了することを「**文書を閉じる**」といいます。
文書「**Wordの基礎知識**」を閉じましょう。

①《ファイル》タブを選択します。

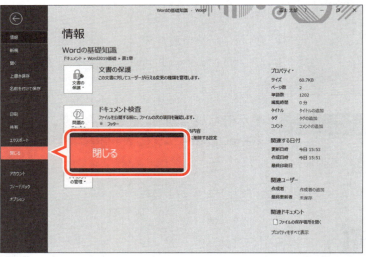

②《閉じる》をクリックします。

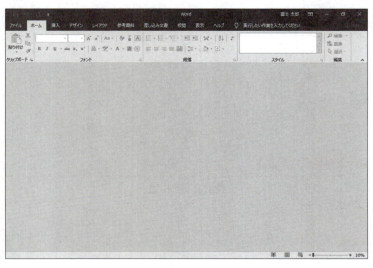

文書が閉じられます。

STEP UP その他の方法（文書を閉じる）

◆ [Ctrl] + [W]

STEP UP 文書を変更して保存せずに閉じた場合

文書の内容を変更して保存せずに閉じると、保存するかどうかを確認するメッセージが表示されます。

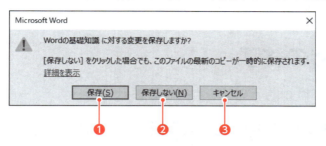

❶ **保存**
文書を保存し、閉じます。

❷ **保存しない**
文書を保存せずに、閉じます。

❸ **キャンセル**
文書を閉じる操作を取り消します。

STEP UP 閲覧の再開

文書を閉じたときに表示していた位置は自動的に記憶されます。次に文書を開くと、その位置に移動するかどうかのメッセージが表示され、メッセージをクリックすると、その位置からすぐに作業を始められます。

※スクロールするとメッセージは消えます。

クリックすると

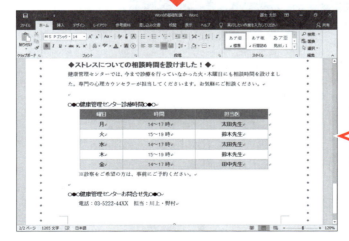

前回、文書を閉じたときに表示していた位置にジャンプ

Step6 Wordを終了する

1 Wordの終了

Wordを終了しましょう。

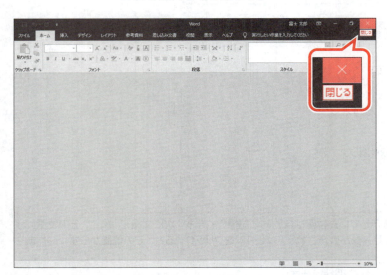

① ✕（閉じる）をクリックします。

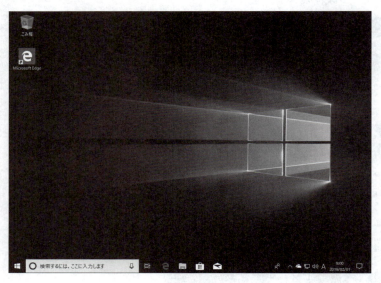

Wordのウィンドウが閉じられ、デスクトップが表示されます。
② タスクバーから が消えていることを確認します。

STEP UP その他の方法（Wordの終了）

◆ Alt + F4

第2章

文字の入力

Check	この章で学ぶこと	29
Step1	IMEを設定する	30
Step2	文字を入力する	32
Step3	文字を変換する	42
Step4	文章を変換する	50
Step5	単語を登録する	54
Step6	読めない漢字を入力する	57
Step7	文書を保存せずにWordを終了する	60
練習問題		61

第2章 この章で学ぶこと

学習前に習得すべきポイントを理解しておき、
学習後には確実に習得できたかどうかを振り返りましょう。

1	ローマ字入力とかな入力の違いを説明できる。	☑☑☑ → P.30
2	新しい文書を作成できる。	☑☑☑ → P.32
3	入力モードを切り替えて、英数字・記号・ひらがなを入力できる。	☑☑☑ → P.33
4	入力中の文字を削除したり、文字を挿入したりできる。	☑☑☑ → P.40
5	入力した文字を目的の漢字に変換できる。	☑☑☑ → P.42
6	読みを入力して、カタカナ・記号に変換できる。	☑☑☑ → P.44
7	確定した文字を変換し直すことができる。	☑☑☑ → P.47
8	ファンクションキーを使って、変換する文字の種類を切り替えて入力できる。	☑☑☑ → P.48
9	文節単位で変換して文章を入力できる。	☑☑☑ → P.50
10	一括変換で文章を入力できる。	☑☑☑ → P.51
11	うまく変換できない専門用語や名前などを辞書に登録できる。	☑☑☑ → P.54
12	辞書に登録した単語を呼び出すことができる。	☑☑☑ → P.55
13	IMEパッドを使って、読めない漢字を入力できる。	☑☑☑ → P.57
14	文書を保存せずにWordを終了できる。	☑☑☑ → P.60

Step 1　IMEを設定する

1　IME

ひらがなやカタカナ、漢字などの日本語を入力するには、日本語を入力するためのアプリである「**日本語入力システム**」が必要です。
Windowsには、あらかじめ日本語入力システム「**IME**」が用意されています。IMEでは、入力方式の切り替えや入力する文字の種類の切り替えなど、日本語入力に関わるすべてを管理します。IMEの状態は、デスクトップの通知領域内に表示されています。

2　ローマ字入力とかな入力

日本語を入力するには、「**ローマ字入力**」と「**かな入力**」の2つの方式があります。

●ローマ字入力

キーに表記されている英字に従って、ローマ字のつづりで入力します。
ローマ字入力は、母音と子音に分かれているため、入力するキーの数は多くなりますが、配列を覚えるキーは少なくなります。

●かな入力

キーに表記されているかなに従って入力します。
かな入力は、入力するキーの数はローマ字入力より少なくなりますが、配列を覚えるキーが多くなります。

初期の設定で、入力方式はローマ字入力が設定されています。ローマ字入力とかな入力を切り替えるには、あを右クリックして表示される《**ローマ字入力/かな入力**》の一覧から選択します。

※●が付いているのが現在選択されている入力方式です。

STEP UP　その他の方法（ローマ字入力・かな入力の切り替え）

◆ Alt +

※確認メッセージが表示される場合は、《はい》をクリックします。

STEP UP 初期の設定をかな入力に変更する

Windowsを起動した直後から、かな入力ができるように初期の設定を変更できます。
◆IMEのあまたはAを右クリック→《プロパティ》→《詳細設定》→《全般》タブ→《ローマ字入力/かな入力》の⌄→《かな入力》

3 入力モード

「**入力モード**」とは、キーボードを押したときに表示される文字の種類のことです。
入力モードには、次のような種類があります。

入力モード	表示	説明
ひらがな	あ	ひらがな・カタカナ・漢字などを入力するときに使います。初期の設定では、ひらがなになっています。
全角カタカナ	カ	全角カタカナを入力するときに使います。
全角英数	A	全角英数字を入力するときに使います。
半角カタカナ	ｶ	半角カタカナを入力するときに使います。
半角英数	A	半角英数字を入力するときに使います。

初期の設定で、入力モードは《ひらがな》が設定されています。入力モードを切り替えるには、あを右クリックして表示される一覧から選択します。
※●が付いているのが現在選択されている入力モードです。

STEP UP 全角・半角

「全角」と「半角」は、文字の基本的な大きさを表すものです。

●全角 あ　　　　　　　●半角 A

ひらがなや漢字の1文字分の大きさです。　全角の半分の大きさです。

POINT キー操作による切り替え

入力モードのAとそれ以外のあ・カ・A・ｶは、[半角/全角漢字]で切り替えることができます。

 ⇔ ひらがな / 全角カタカナ / 全角英数 / 半角カタカナ

Step2　文字を入力する

1　新しい文書の作成

Wordを起動し、新しい文書を作成しましょう。

①Wordを起動し、Wordのスタート画面を表示します。
※ ■（スタート）→《Word》をクリックします。
②《白紙の文書》をクリックします。

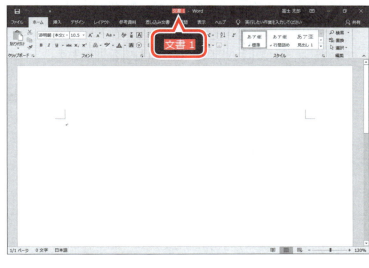

新しい文書が開かれます。
③タイトルバーに「**文書1**」と表示されていることを確認します。

> **POINT　新しい文書の作成**
>
> Wordを起動した状態で、新しい文書を作成する方法は、次のとおりです。
> ◆《ファイル》タブ→《新規》→《白紙の文書》

2 英数字の入力

英字や数字を入力する方法を確認しましょう。

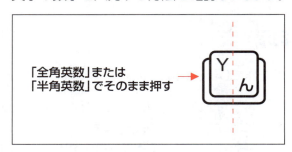

キーの左側に表記されている英字や数字を入力するには、入力モードを「**全角英数**」または「**半角英数**」に切り替えて、英字や数字のキーをそのまま押します。

半角で「2019 lucky」と入力しましょう。

入力モードを切り替えます。
① [半角/全角/漢字] を押します。

[A] に切り替わります。

② カーソルが表示されていることを確認します。
※カーソルは文字が入力される位置を示します。入力前に、カーソルの位置を確認しましょう。

③ [2ふ][0わを][1ぬ][9よ] を押します。
数字が入力されます。
※間違えて入力した場合は、[Back Space] を押して入力し直します。

④ [　　　]（スペース）を押します。
半角空白が入力されます。

⑤ [Lり][Uな][Cそ][Kの][Yん] を押します。
英字が入力されます。

改行します。
⑥ [Enter] を押します。

POINT 空白の入力

文字と文字の間を空けるには、[　　　]（スペース）を押して、空白を入力します。
入力モードが [あ] の場合、[　　　]（スペース）を押すと全角空白が入力され、[A] の場合、半角空白が入力されます。

📍 POINT 改行

入力を確定したあとに Enter を押すと ↵ が入力され、改行できます。

📍 POINT 英大文字の入力

英大文字を入力するには、Shift を押しながら英字のキーを押します。
継続的に英大文字を入力するには、Shift + Caps Lock 英数 を押します。
※英小文字の入力に戻すには、再度、Shift + Caps Lock 英数 を押します。

🚩 STEP UP テンキーを使った数字の入力

キーボードに「テンキー」（キーボード右側の数字のキーが集まっているところ）がある場合は、テンキーを使って数字を入力できます。

3 記号の入力

記号を入力する方法を確認しましょう。

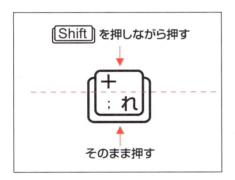

キーの下側に表記されている記号を入力するには、記号のキーをそのまま押します。
上側に表記されている記号を入力するには、Shift を押しながら記号のキーを押します。

「 ; 」（セミコロン）と「 + 」（プラス）を半角で入力しましょう。

①入力モードが A になっていることを確認します。
※ A になっていない場合は、半角/全角漢字 を押します。

② +;れ を押します。
キーの下側に表記されている記号が入力されます。

③ Shift + +;れ を押します。
キーの上側に表記されている記号が入力されます。
※ Enter を押して、改行しておきましょう。

Let's Try ためしてみよう

次の数字・記号・英字を半角で入力しましょう。
※入力モードが A になっていることを確認して入力しましょう。
※問題ごとに ☐（スペース）を押して、空白を入力しておきましょう。

① 12345
② %!$
③ ice
④ TV
⑤ Apple

※ Enter を押して、改行しておきましょう。

Let's Try Answer

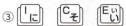

④ Shift + T か　Shift + V ひ

⑤ Shift + A ち　P せ　P せ　L り　E い

STEP UP　スペルチェックと文章校正

文章の入力中に文法の誤りや誤字脱字などがある場合、自動的にチェックされます。誤っている可能性がある場所には赤の波線や青の二重線が表示されます。波線や二重線を右クリックすると、処理を選択したりチェック内容を確認したりできます。

※これらの波線や二重線は印刷されません。

●赤の波線（スペルミスの可能性）　　●青の二重線（文法の誤りの可能性）

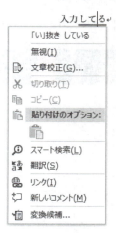

4 ひらがなの入力

ひらがなを入力する方法を確認しましょう。

1 ローマ字入力の場合

ローマ字入力で「きく」と入力しましょう。

① 〔半角/全角漢字〕を押します。
入力モードが あ になります。
※ あ になっていない場合は、A を右クリックして、一覧から《ひらがな》を選択します。

```
きく
```

② 〔K の〕〔I に〕〔K の〕〔U な〕を押します。
「きく」と表示され、入力した文字に点線が付きます。
※点線は、文字が入力の途中であることを表します。

```
きく
```

③ 〔Enter〕を押します。
点線が消え、文字が確定されます。
※〔Enter〕を押して、改行しておきましょう。

POINT　ローマ字入力の規則

ローマ字入力には、次のような規則があります。

入力する文字	入力方法	例
「ん」の入力	「N」を2回入力します。※「ん」のあとに子音が続く場合は、「N」を1回入力します。	みかん：〔M も〕〔I に〕〔K の〕〔A ち〕〔N み〕〔N み〕 りんご：〔R す〕〔I に〕〔N み〕〔G き〕〔O ら〕
「を」の入力	「WO」と入力します。	を：〔W て〕〔O ら〕
促音「っ」の入力	あとに続く子音を2回入力します。	いった：〔I に〕〔T か〕〔T か〕〔A ち〕
拗音（「きゃ」「きゅ」「きょ」など）・小さい文字（「ぁ」「ぃ」「ぅ」など）の入力	子音と母音の間に「Y」または「H」を入力します。小さい文字を単独で入力する場合は、先頭に「L」または「X」を入力します。	きゃ：〔K の〕〔Y ん〕〔A ち〕 てぃ：〔T か〕〔H く〕〔I に〕 ぁ：〔L り〕〔A ち〕

※P.261に「ローマ字・かな対応表」を添付しています。

POINT　句読点や長音の入力

句点「。」：〔＞. る〕　　読点「、」：〔＜, ね〕　　長音「ー」：〔= ほ〕

STEP UP 日本語入力中の数字・記号の入力

ローマ字入力では、入力モードが あ の状態でも数字や一部の記号を入力できます。
入力すると点線の下線が表示されるので、Enter を押して確定します。

Let's Try ためしてみよう

次の文字を入力しましょう。
※入力モードが あ になっていることを確認して入力しましょう。
※問題ごとに文字を確定し、（スペース）を押して、空白を入力しておきましょう。

① あめ
② ぶっく
③ ぱん
④ きゃんでぃー
⑤ ぎゅうにゅう
⑥ のーと
⑦ 、。

※ Enter を押して、改行しておきましょう。

Let's Try Answer

① [A ち] [M も] [E い]
② [B こ] [U な] [K の] [K の] [U な]
③ [P せ] [A ち] [N み] [N み]
④ [K の] [Y ん] [A ち] [N み] [D し] [H く] [I に] [= ほ]
⑤ [G き] [Y ん] [U な] [U な] [N み] [Y ん] [U な] [U な]
⑥ [N み] [O ら] [= ほ] [T か] [O ら]
⑦ [< 、ね] [> 。る]

2 かな入力の場合

かな入力で「きく」と入力しましょう。

① 入力モードが あ になっていることを確認します。
※ あ になっていない場合は、[半角/全角 漢字]を押します。

かな入力に切り替えます。
② あ を右クリックします。
③《ローマ字入力/かな入力》をポイントします。
④《かな入力》をクリックします。
※●が付いているのが現在選択されている入力方式です。

⑤ [G き][H く]を押します。
「きく」と表示され、入力した文字に点線が付きます。
※点線は、文字が入力の途中であることを表します。

⑥ [Enter]を押します。
点線が消え、文字が確定されます。
※[Enter]を押して、改行しておきましょう。

POINT かな入力の規則

かな入力には、次のような規則があります。

入力する文字	入力方法	例
濁音の入力	清音のあとに[@ ゛]を押します。	かば : [T か][F は][@ ゛]
半濁音の入力	清音のあとに[! ゜]を押します。	ぱん : [F は][! ゜][Y ん]
「を」の入力	[Shift]を押しながら、[0 わ を]を押します。	を : [Shift]+[0 わ を]
促音「っ」の入力	[Shift]を押しながら、[Z つ]を押します。	いった: [E い][Shift]+[Z つ][Q た]
拗音（「きゃ」「きゅ」「きょ」など）・小さい文字（「ぁ」「ぃ」「ぅ」など）の入力	[Shift]を押しながら、清音を押します。	きゃ : [G き][Shift]+[7 や] てぃ : [W て][Shift]+[E い] ぁ : [Shift]+[3 あ]

POINT 句読点や長音の入力

句点「。」：[Shift] + [る]　　読点「、」：[Shift] + [ね]　　長音「ー」：[¥ー]

Let's Try ためしてみよう

次の文字を入力しましょう。
※入力モードが あ になっていることを確認して入力しましょう。
※問題ごとに文字を確定し、[　　　　]（スペース）を押して、空白を入力しておきましょう。

① あめ
② ぶっく
③ ぱん
④ きゃんでぃー
⑤ ぎゅうにゅう
⑥ のーと
⑦ 、。

※[Enter]を押して、改行しておきましょう。

Let's Try Answer

① [3 あ] [? め]

② [2 ふ] [@ ゛] [Shift] + [Z っ] [H く]

③ [F は] [!] [Y ん]

④ [G き] [Shift] + [ゃ] [Y ん] [W て] [@ ゛] [Shift] + [E い] [¥ー]

⑤ [G き] [@ ゛] [Shift] + [8 ゆ] [$ 4 う] [I に] [Shift] + [8 ゆ] [$ 4 う]

⑥ [K の] [¥ー] [S と]

⑦ [Shift] + [ね] [Shift] + [る]

5　入力中の文字の訂正

入力中の文字を効率的な方法で訂正しましょう。

1　入力中の文字の削除

確定前の文字を削除するには、BackSpace または Delete を使います。

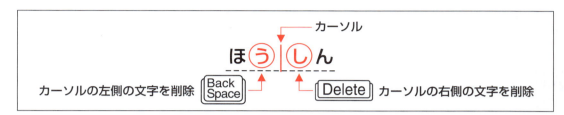

「ほうしん」と入力した文字を「ほん」に訂正しましょう。

ほうしん	①入力モードが あ になっていることを確認します。 ※あ になっていない場合は、半角/全角漢字 を押します。 ※あ を右クリックし、《ローマ字入力/かな入力》の一覧から使用する入力方式に切り替えておきましょう。 ②「ほうしん」と入力します。 ※文字の下側に予測候補が表示されます。
ほう|しん	「う」と「し」の間にカーソルを移動します。 ③ ← を2回押します。 ※マウスで「う」と「し」の間をクリックして、カーソルを移動することもできます。
ほ|しん	④ BackSpace を1回押します。 「う」が削除されます。
ほ|ん	⑤ Delete を1回押します。 「し」が削除されます。
ほん|	⑥ Enter を押します。 文字が確定されます。 ※ Enter を押して、改行しておきましょう。

40

STEP UP 予測候補

文字を入力し変換する前に、予測候補の一覧が表示されます。
この予測候補の一覧には、今までに入力した文字やこれから入力すると予測される文字が予測候補として表示されます。Tab を押して、この予測候補の一覧から選択すると、そのまま入力することができます。

```
ほうしん
方針              × 🔍
方針だが
封神演義
方針を
放心状態
          ∨
Tab キーで予測候補を選択
```

2 入力中の文字の挿入

確定前に文字を挿入するには、文字を挿入する位置にカーソルを移動して入力します。
「**ともち**」と入力した文字を「**ともだち**」に訂正しましょう。

| ともち | ① 「ともち」と入力します。 |

| とも ち | 「も」と「ち」の間にカーソルを移動します。
② ← を押します。
※マウスで「も」と「ち」の間をクリックして、カーソルを移動することもできます。 |

| ともだ ち | ③ 「だ」と入力します。
「だ」が挿入されます。 |

| ともだち | ④ Enter を押します。
文字が確定されます。
※ Enter を押して、改行しておきましょう。 |

STEP UP 入力中の文字の取り消し

入力中の文字をすべて取り消すには、文字を確定する前に Esc を2回押します。

Step3 文字を変換する

1 漢字変換

漢字を入力する操作は、「**入力した文字を変換し、確定する**」という流れで行います。
文字を入力して、☐（スペース）または 変換 を押すと漢字に変換できます。
変換された漢字は Enter を押すか、または、続けて次の文字を入力すると確定されます。
「**会う**」と入力しましょう。

> あう

①「**あう**」と入力します。

> 会う

② ☐（スペース）を押します。
※ 変換 を押して、変換することもできます。
漢字に変換され、太い下線が付きます。
※太い下線は、文字が変換の途中であることを表します。

> 会う

③ Enter を押します。
漢字が確定されます。
※ Enter を押して、改行しておきましょう。

POINT ☐（スペース）の役割

☐（スペース）は、押すタイミングによって役割が異なります。
文字を確定する前に ☐（スペース）を押すと、文字が変換されます。
文字を確定したあとに ☐（スペース）を押すと、空白が入力されます。

STEP UP 変換前の状態に戻す

変換して確定する前に Esc を何回か押すと、変換前の状態（読みを入力した状態）に戻して文字を訂正できます。

2　変換候補一覧からの選択

漢字には同音異義語（同じ読みでも意味が異なる言葉）があります。
[____]（スペース）を1回押して目的の漢字が表示されない場合は、さらに[____]（スペース）を押します。変換候補一覧が表示されるので、一覧から目的の漢字を選択します。
「逢う」 と入力しましょう。

① **「あう」** と入力します。

② [____]（スペース）を押します。

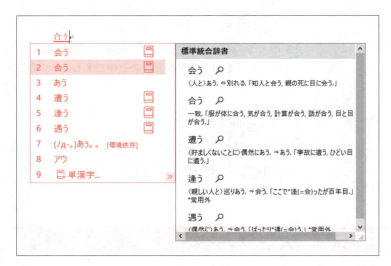

③ 再度、[____]（スペース）を押します。
変換候補一覧が表示されます。

④ 何回か [____]（スペース）を押し、**「逢う」** にカーソルを合わせます。
※ [↑][↓]を押して、カーソルを合わせることもできます。

⑤ [Enter]を押します。
漢字が確定されます。
※ [Enter]を押して、改行しておきましょう。

POINT 漢字の変換候補一覧

漢字の変換候補一覧の各部の役割は、次のとおりです。

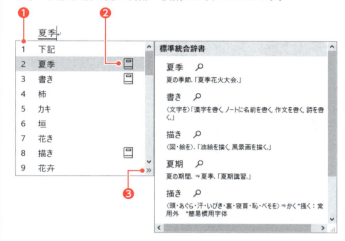

❶数字を入力して漢字を選択できます。
❷同音異義語などで意味を混同しやすい単語に、📖が表示されます。📖が付いている変換候補にカーソルを合わせると、意味や使い方を確認できます。
❸ >> をクリックすると、変換候補一覧を複数列で表示できます。同音異義語が多い場合に目的の文字を探しやすくなります。
※ Tab を押しても、かまいません。

3 カタカナ変換

漢字と同様に、読みを入力して [　　　] （スペース）または 変換 を押してカタカナに変換できます。
「パソコン」と入力しましょう。

ぱそこん

① 「ぱそこん」と入力します。

パソコン

② [　　　]（スペース）を押します。
※ 変換 を押して、変換することもできます。
カタカナに変換され、太い下線が付きます。

パソコン

③ Enter を押します。
文字が確定されます。
※ Enter を押して、改行しておきましょう。

4　記号変換

記号には「〒」「℡」「①」「◎」など、読みを入力して変換できるものがあります。
「◎」を入力しましょう。

まる

①「**まる**」と入力します。

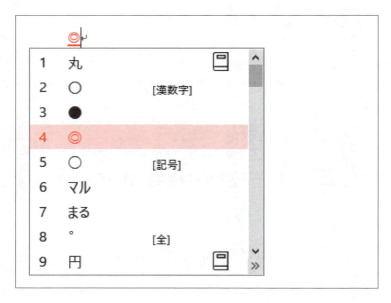

②何回か ⬜⬜⬜（スペース）を押し、「◎」にカーソルを合わせます。
※ ↑ ↓ を押して、カーソルを合わせることもできます。

◎

③ Enter を押します。
記号が確定されます。
※ Enter を押して、改行しておきましょう。

STEP UP よく使う記号

読みを入力して変換できる記号には、次のようなものがあります。

読み	記号
かっこ	（）〔〕＜＞《》「」『』【】
まる	○ ● ◎ ①～⑳ ㊤ ㊥ ㊦ ㊧ ㊨
さんかく	△ ▲ ▽ ▼ ∵ ∴
やじるし	← → ↑ ↓ ⇔ ⇒
たんい	℃ ％ ‰ Å £ ¢ mm cm km mg kg ㎡ ㍗ ㌍ ㍍
けいさん	＋ － × ÷ ≦ ≠
から	～
こめ	※
ゆうびん	〒
でんわ	℡
ほし	☆ ★
かぶ	㈱ （株）

※このほかにも、読みを入力して変換できる記号はたくさんあります。

STEP UP 記号と特殊文字

《記号と特殊文字》ダイアログボックスを使うと、読みがわからない記号も入力できます。
《記号と特殊文字》ダイアログボックスを表示する方法は、次のとおりです。

◆《挿入》タブ→《記号と特殊文字》グループの ![Ω] （記号の挿入）→《その他の記号》

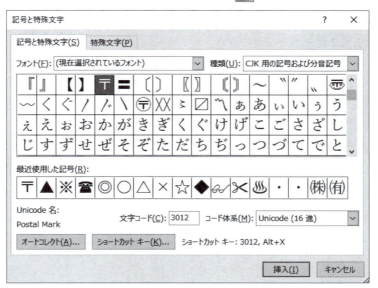

> **POINT　いろいろな文字への変換**
>
> 文字を入力して、☐（スペース）を押すと、住所や顔文字などにも変換できます。
>
> ●**住所に変換**
> 郵便番号を入力して、☐（スペース）を押すと、住所に変換できます。
> ※入力した郵便番号によっては、住所に変換できないものもあります。
>
> ```
> 　　　神奈川県横浜市中区尾上町
> 1   231-0015
> 2   ２３１－００１５
> 3   神奈川県横浜市中区尾上町
> ```
>
> ●**顔文字に変換**
> 「かお」と入力して、☐（スペース）を押すと、顔文字に変換できます。
>
> ```
>      (^^♪
> 1  顔
> 2  (^^♪
> 3  (^_-)-☆
> 4  貌
> 5  (^^)/
> 6  顔
> 7  ☺           [環境依存]
> 8  かお
> 9  ^^)_旦~~
> ```

5　再変換

確定した文字を変換し直すことを「**再変換**」といいます。
再変換する箇所にカーソルを移動して 変換 を押すと、変換候補一覧が表示され、ほかの漢字やカタカナを選択できます。
「**逢う**」を「**合う**」に再変換しましょう。

逢う	①「**逢う**」にカーソルを移動します。
	※単語上であれば、どこでもかまいません。

② [変換]を押します。

変換候補一覧が表示されます。

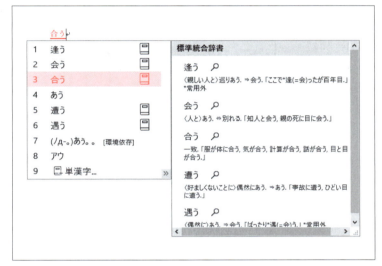

③ 何回か [　　　]（スペース）を押し、「合う」にカーソルを合わせます。

※ [↑][↓]を押して、カーソルを合わせることもできます。

④ [Enter]を押します。

文字が確定されます。

※ 文末にカーソルを移動しておきましょう。

STEP UP　その他の方法（再変換）

◆ 単語を右クリック→一覧から漢字を選択

6　ファンクションキーを使った変換

[F6]～[F10]のファンクションキーを使って、入力した読みを変換できます。下線が付いた状態で、ファンクションキーを押すと変換されます。

ファンクションキーを使った変換の種類は、次のとおりです。

● 「りんご」と入力した場合

ファンクションキー	変換の種類	変換後の文字	
[F6]	全角ひらがな	りんご	
[F7]	全角カタカナ	リンゴ	
[F8]	半角カタカナ	ﾘﾝｺﾞ	
[F9]	全角英数字	ローマ字入力	ｒｉｎｇｏ
		かな入力	ｌｙｂ＠
[F10]	半角英数字	ローマ字入力	ringo
		かな入力	lyb@

「**りんご**」と入力し、ファンクションキーを使って変換しましょう。

りんご

① 「**りんご**」と入力します。
② F6 を押します。
全角ひらがなに変換されます。

リンゴ

③ F7 を押します。
全角カタカナに変換されます。

ﾘﾝｺﾞ

④ F8 を押します。
半角カタカナに変換されます。

ｒｉｎｇｏ

⑤ F9 を押します。
全角英字に変換されます。
※かな入力の場合は、「ｌｙｂ＠」と変換されます。

ringo

⑥ F10 を押します。
半角英字に変換されます。
※かな入力の場合は、「lyb@」と変換されます。

りんご

⑦ F6 を押します。
再度、全角ひらがなに変換されます。
⑧ Enter を押します。
文字が確定されます。
※ Enter を押して、改行しておきましょう。

STEP UP ファンクションキーの活用

ファンクションキーを1回押すごとに、次のように変換できます。

ファンクションキー	変換後の文字
F6	てにすは→テにすは→テニすは→テニスは
F7	テニスハ→テニスは→テニすは→テにすは
F8	ﾃﾆｽﾊ→ﾃﾆｽは→ﾃﾆすは→ﾃにすは
F9	ｍｒ．ｓｕｚｕｋｉ→ＭＲ．ＳＵＺＵＫＩ→Ｍｒ．Ｓｕｚｕｋｉ
F10	mr.suzuki→MR.SUZUKI→Mr.Suzuki

第2章 文字の入力

Step 4 文章を変換する

1 文章の変換

文章を入力して変換する方法には、次のようなものがあります。

●**文節単位で変換する**
文節ごとに入力し、☐（スペース）を押して変換します。
適切な漢字に絞り込まれるため、効率よく文章を変換できます。

●**一括変換する**
「。」（句点）「、」（読点）を含めた一文を入力し、☐（スペース）を押して変換します。
自動的に文節が区切られてまとめて変換できます。ただし、一部の文節が目的の漢字に変換されない場合や、文節が正しく認識されない場合には、手動で調整する必要があります。

2 文節単位の変換

文節単位で変換して文章を入力します。
「学校に行く。」と入力しましょう。

がっこうに	①「がっこうに」と入力します。
学校にいく。	②☐（スペース）を押します。 **「学校に」**と変換されます。 ③「いく。」と入力します。 ※「学校に」が自動的に確定されます。
学校に行く。	④☐（スペース）を押します。 **「行く。」**と変換されます。
学校に行く。	⑤ Enter を押します。 文章が確定されます。 ※ Enter を押して、改行しておきましょう。

50

3 一括変換

一括変換で文章を入力します。

1 一括変換

「晴れたらプールで泳ぐ。」と入力し、一括変換しましょう。

| はれたらぷーるでおよぐ。 |

① 「はれたらぷーるでおよぐ。」と入力します。

| 晴れたらプールで泳ぐ。 |

② ☐ (スペース) を押します。
自動的に文節が区切られて変換されます。

| 晴れたらプールで泳ぐ。 |

③ [Enter] を押します。
文章が確定されます。
※ [Enter] を押して、改行しておきましょう。

👆 POINT 文節カーソル

変換したときに表示される太い下線を「文節カーソル」といいます。文節カーソルは、現在変換対象になっている文節を表します。

2 文節ごとに変換し直す

文章を一括変換したときに、一部の文節が目的の漢字に変換されないことがあります。その場合は、[←] または [→] を使って、文節カーソルを移動して変換し直します。
「本を構成する。」を**「本を校正する。」**に変換し直しましょう。

| ほんをこうせいする。 |

① 「ほんをこうせいする。」と入力します。

| 本を構成する。 |

② ☐ (スペース) を押します。
自動的に文節が区切られて変換されます。
③ 「**本を**」の文節に、文節カーソルが表示されていることを確認します。

| 本を構成する。 |

文節カーソルを右に移動します。
④ [→] を押します。
文節カーソルが「**構成する**」に移動します。

第2章 文字の入力

⑤ [　　　]（スペース）を押します。
変換候補一覧が表示されます。
⑥「校正する」にカーソルを合わせます。

本を校正する。
1　構成する
2　攻勢する
3　校正する
4　更生する
5　更正する
6　較正する
7　甦生する

⑦ [Enter]を押します。
文章が確定されます。
※[Enter]を押して、改行しておきましょう。

本を校正する。

3 文節区切りの変更

文章を一括変換したときに、文節の区切りが正しく認識されないことがあります。その場合は、[　　　]（スペース）を押して変換候補を表示し、正しい文節の区切りを選択します。
「**私は知る。**」の文節の区切りを調整して、「**私走る。**」に変更しましょう。

わたしはしる。

①「わたしはしる。」と入力します。

私は知る。

② [　　　]（スペース）を押します。
自動的に文節が区切られて変換されます。
③「**私は**」の文節に、文節カーソルが表示されていることを確認します。

私走る。
1　私は
2　わたしは
3　私
4　渡しは
5　ワタシは
6　渡司は
7　和多氏は

変換候補を選択し直して、文節の区切りを変更します。
④ [　　　]（スペース）を押します。
変換候補一覧が表示されます。
⑤「**私**」にカーソルを合わせます。

私走る。

⑥ [Enter]を押します。
文章が確定されます。
※[Enter]を押して、改行しておきましょう。

STEP UP　Shiftを使った文節区切りの変更

文節の区切りは、Shift+← または Shift+→ を使って変更することもできます。文節の区切りと文節カーソルが一致したら、□□□（スペース）を押して変換します。

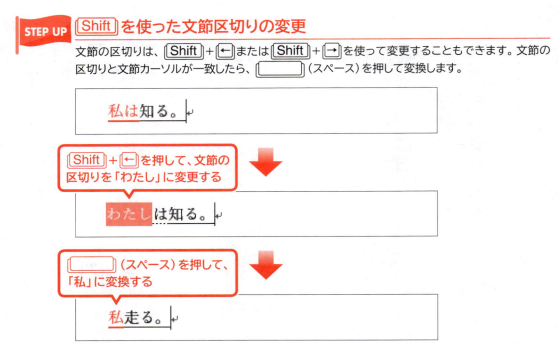

Let's Try　ためしてみよう

次の文章を入力しましょう。
※問題ごとにEnterを押して、改行しておきましょう。

① 来年は海外旅行に2回行きたい。
② 広島へ牡蠣を食べに行った。
③ 寝る前にブログを更新するのが毎日の日課となっている。
④ 昨日会った人は前にも会ったことがある。
⑤ 今日歯医者へ行った。今日は医者へ行った。
⑥ ここでは着物を脱ぐ。ここで履物を脱ぐ。
⑦ 必要事項を記入して、Mailにてご回答ください。
⑧ 夏のバーゲンセールで前から欲しかったスーツを40%OFFで購入した。
⑨ 睡眠の種類はレム睡眠とノンレム睡眠に分けることができ、眠りの深いノンレム睡眠の方が質のよい睡眠とされている。
⑩ 当店の看板メニューは、世界三大珍味「トリュフ」「フォアグラ」「キャビア」を贅沢に使ったフルコースです。

省略

Step 5　単語を登録する

1　単語の登録

専門用語や名前などの中で、うまく変換できないような単語は、辞書に登録しておくと便利です。また、会社名や部署名、頻繁に使う文章なども短い読みで登録すると、すばやく入力できます。

「湊人」を「み」の読みで辞書に登録しましょう。

① あ または A を右クリックします。
②《単語の登録》をクリックします。

《単語の登録》ダイアログボックスが表示されます。

登録する単語を入力します。

③《単語》に「湊人」と入力します。

※「みなと」では変換できないので、1文字ずつ変換します。

登録する単語の読みを入力します。

④《よみ》に「み」と入力します。

⑤《登録》をクリックします。

単語が登録されます。

※《閉じる》をクリックし、《単語の登録》ダイアログボックスを閉じておきましょう。

STEP UP　その他の方法（単語の登録）

◆《校閲》タブ→《言語》グループの 日本語入力辞書への単語登録 （日本語入力辞書への単語登録）

54

2 単語の呼び出し

登録した単語は、読みを入力して、変換することで呼び出すことができます。
「**み**」と入力して「**湊人**」を呼び出しましょう。

み

①文末にカーソルがあることを確認します。
②「**み**」と入力します。

湊人

③ ⬜ (スペース) を押します。
「**湊人**」が呼び出されます。

湊人

④ [Enter] を押します。
文字が確定されます。
※ [Enter] を押して、改行しておきましょう。

🚩 STEP UP 品詞

「品詞」とは、文法上の機能や性質などによって、単語を分類する区分のことです。単語を登録する際に品詞を指定すると、文章を入力・変換するときに効率よくなります。
例えば、「湊人」を人名として登録した場合、読みと一緒に「さん」や「くん」などの敬称を付けて入力・変換すると、人名として登録された単語「湊人」がすぐに表示されます。

3 登録した単語の削除

登録した単語は、辞書から削除できます。
「**湊人**」を辞書から削除しましょう。

① あ または A を右クリックします。
②《**ユーザー辞書ツール**》をクリックします。

《Microsoft IME ユーザー辞書ツール》ウィンドウが表示されます。

③《語句》の「**湊人**」をクリックします。

④ 🗑 (削除) をクリックします。

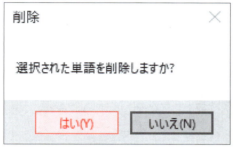

図のようなメッセージが表示されます。

⑤《はい》をクリックします。

一覧から単語が削除されます。

※ ✕ (閉じる) をクリックし、《Microsoft IME ユーザー辞書ツール》ウィンドウを閉じておきましょう。

STEP UP その他の方法（登録した単語の削除）

◆《校閲》タブ→《言語》グループの [日本語入力辞書への単語登録]（日本語入力辞書への単語登録）→《ユーザー辞書ツール》→単語を選択→ 🗑 (削除)

56

Step 6 読めない漢字を入力する

1 IMEパッドの利用

「**IMEパッド**」を使うと、読めない漢字を検索して入力できます。
それぞれの機能ごとに「**アプレット**」と呼ばれる入力画面が用意されています。
IMEパッドのアプレットには、次のような種類があります。

●手書きアプレット

マウスを使って読めない漢字を書いて検索し、入力できます。

●文字一覧アプレット

記号や特殊文字などを一覧から選択して入力できます。

●ソフトキーボードアプレット

画面上のキーボードのイメージをクリックして、文字を入力できます。

●総画数アプレット

総画数をもとに読めない漢字を検索して入力できます。

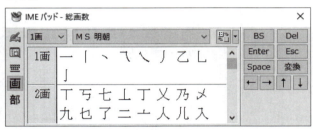

●部首アプレット

部首の画数をもとに読めない漢字を検索して入力できます。

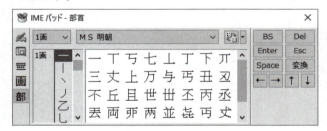

2 手書きアプレットを使った入力

「手書きアプレット」を使って、「从」（ジュウ）と入力しましょう。

① 文末にカーソルがあることを確認します。
② あ または A を右クリックします。
③《IMEパッド》をクリックします。

《IMEパッド》アプレットが表示されます。
④ （手書き）が選択され、オン（色が付いている状態）になっていることを確認します。
※選択されていない場合は、 （手書き）をクリックします。

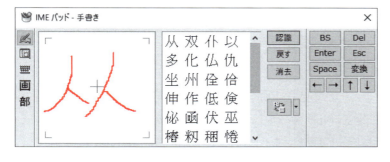

⑤ 左側の枠の中にマウスを使って「从」と書きます。

文字を書くと自動的に認識され、右側の画面に漢字の候補が表示されます。
※書いた文字の形や書き順によって、表示される漢字の候補が異なります。
※直前に書いた部分を消す場合は、 戻す （最後の一画を消す）をクリックします。すべて消す場合は 消去 （手書きをすべて消す）をクリックし、書き直します。

⑥ 右側の枠の中の「从」をポイントします。
読みが表示されます。
⑦ クリックします。

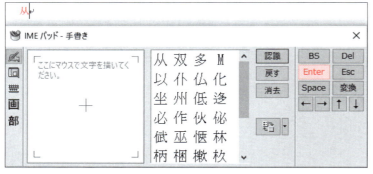

文書内に「从」が入力されます。
※《IMEパッド》アプレットと文字が重なっている場合は、タイトルバーをドラッグして移動しましょう。
⑧ Enter をクリックします。
※ Enter を押して、確定することもできます。
漢字が確定されます。
※ Enter を押して、改行しておきましょう。

58

3 部首アプレットを使った入力

「部首アプレット」を使って、「仞」（ジン）と入力しましょう。
部首は「イ（にんべん）」で2画です。

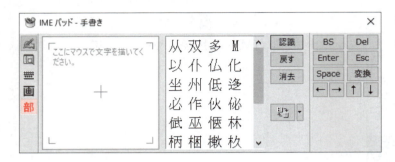

① 文末にカーソルがあることを確認します。
② 部 （部首）をクリックします。

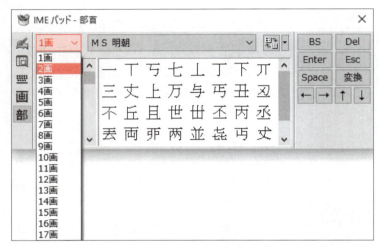

《IMEパッド－部首》アプレットに切り替わります。
③ 1画 （部首画数）をクリックします。
④《2画》をクリックします。

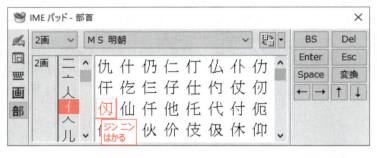

2画の部首の一覧が表示されます。
⑤ イ （にんべん）をクリックします。
「イ」が部首の漢字の一覧が表示されます。
⑥「仞」をポイントします。
読みが表示されます。
⑦ クリックします。

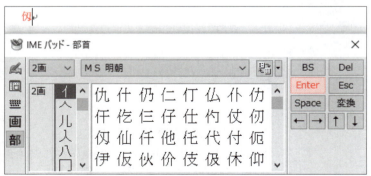

「仞」が入力されます。
※《IMEパッド》アプレットと文字が重なっている場合は、タイトルバーをドラッグして移動しましょう。
⑧ Enter をクリックします。
※ Enter を押して、確定することもできます。
漢字が確定されます。
※ × （閉じる）をクリックし、《IMEパッド》アプレットを閉じておきましょう。
※ Enter を押して、改行しておきましょう。

Step 7 文書を保存せずにWordを終了する

1 文書を保存せずにWordを終了

作成した文書を保存しておく必要がない場合は、そのままWordを終了します。
文書を保存せずにWordを終了しましょう。
※文書を保存する方法については、P.94の「第3章 Step9 文書を保存する」を参照してください。

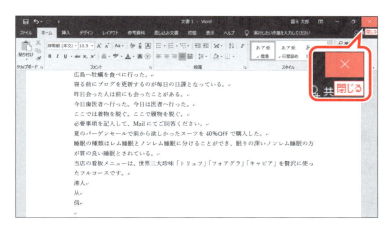

①《Word》ウィンドウの ✕ （閉じる）をクリックします。

図のようなメッセージが表示されます。
②《保存しない》をクリックします。

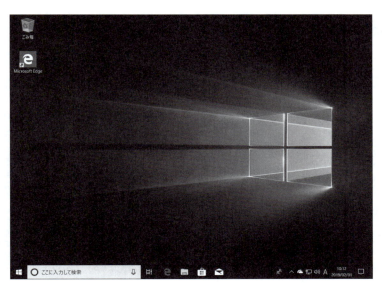

Wordが終了し、デスクトップ画面に戻ります。

STEP UP 文書の自動保存

作成中の文書は、一定の間隔で自動的にコンピューター内に保存されます。
文書を保存せずに閉じてしまった場合、自動的に保存された文書の一覧から復元できます。
保存していない文書を復元する方法は、次のとおりです。

◆《ファイル》タブ→《情報》→《ドキュメントの管理》→《保存されていない文書の回復》→文書を選択→《開く》

※操作のタイミングによって、完全に復元されるとは限りません。

練習問題

解答 ▶ 別冊P.1

次のように文章を入力しましょう。
※↵で Enter を押して改行します。

Wordを起動し、新しい文書を作成しておきましょう。

① 美しい山々。↵

② 青い空に浮かんだ白い雲。↵

③ 少々お待ちください。↵

④ 隣の客はよく柿食う客だ。↵

⑤ 庭には二羽裏庭には二羽鶏がいる。↵

⑥ サクラの花びらが風に吹かれて舞っている。↵

⑦ 今期は150％の増益だった。↵

⑧ ストックホルムは、スウェーデンの首都です。↵

⑨ ちょっと信じられないけど、本当の話！？↵

⑩ （20＋30）×5＝250↵
※「×」は「かける」または「ばつ」と入力して変換します。

⑪ 〒105-0022□東京都港区海岸1丁目↵
※□は全角空白を表します。

⑫ 3か月先のヴァイオリンのコンサートチケットを¥5,000で購入した。↵

⑬ 商品に関するご質問は、お気軽に最寄りの支店・営業所までお問い合わせください。↵

⑭ 次の休日は、友達とドライブに行く約束をしている。AM8:00には家を出て友達を迎えに行くつもりだ。↵

⑮ 表計算ソフトであるExcelの基本操作を学習するには、『Excel 基礎』のテキストがわかりやすいと評判である。↵

⑯ ゴルフ場を選ぶ基準には、ホール数・距離（ヤード）・パーの数などがあります。例えば、18H（＝ホール）、6,577Y（＝ヤード）、P（＝パー）72のように表示されます。↵

⑰ 来週の日曜日から駅前のショップでバーゲンが開催され、全品50％OFF（半額）のSALEということである。↵
また、当日は駅から10分ほど離れた野球場でプロ野球の試合があり、駅の混雑が予想される。↵

※文書を保存せずに閉じておきましょう。

第3章

文書の作成

Check	この章で学ぶこと	63
Step1	作成する文書を確認する	64
Step2	ページのレイアウトを設定する	65
Step3	文章を入力する	67
Step4	範囲を選択する	74
Step5	文字を削除・挿入する	77
Step6	文字をコピー・移動する	79
Step7	文字の配置をそろえる	83
Step8	文字を装飾する	90
Step9	文書を保存する	94
Step10	文書を印刷する	97
練習問題		101

第3章 この章で学ぶこと

学習前に習得すべきポイントを理解しておき、学習後には確実に習得できたかどうかを振り返りましょう。

1	作成する文書に合わせてページのレイアウトを設定できる。	→ P.65
2	本日の日付を入力できる。	→ P.67
3	頭語に合わせた結語を入力できる。	→ P.69
4	季節・安否・感謝のあいさつを入力できる。	→ P.70
5	記と以上を入力できる。	→ P.72
6	選択する対象に応じて、文字単位や行単位で適切に範囲を選択できる。	→ P.74
7	文字を削除したり、挿入したりできる。	→ P.77
8	文字をコピーするときの手順を理解し、ほかの場所にコピーできる。	→ P.79
9	文字を移動するときの手順を理解し、ほかの場所に移動できる。	→ P.81
10	文字の配置を変更できる。	→ P.83
11	段落の先頭に「1.2.3.」などの番号を付けることができる。	→ P.88
12	文字の大きさや書体を変更できる。	→ P.90
13	文字に太字・斜体・下線を設定できる。	→ P.92
14	状況に応じて、名前を付けて保存と上書き保存を使い分けることができる。	→ P.94
15	印刷イメージを確認し、必要に応じてページ設定を変更して、印刷を実行できる。	→ P.97

Step 1 作成する文書を確認する

1 作成する文書の確認

次のような文書を作成しましょう。

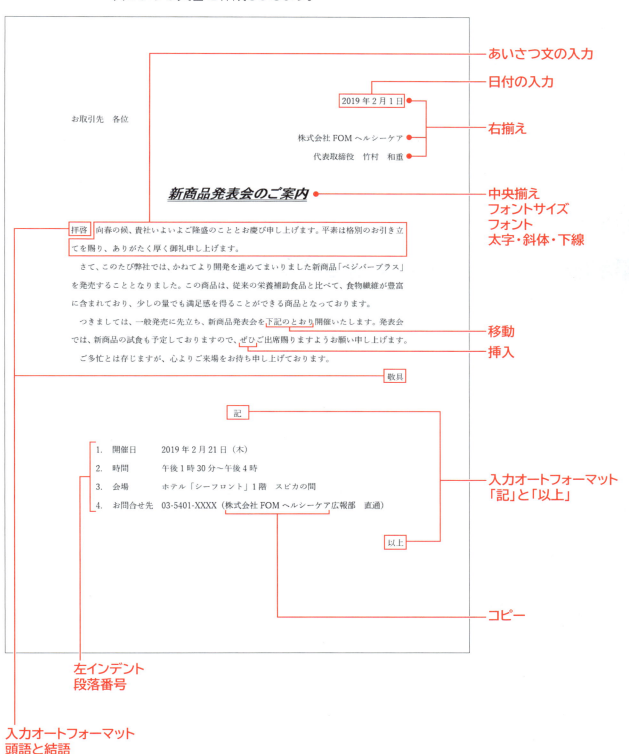

Step 2 ページのレイアウトを設定する

1 ページ設定

用紙サイズや印刷の向き、余白、1ページの行数、1行の文字数など、文書のページのレイアウトを設定するには「**ページ設定**」を使います。ページ設定はあとから変更できますが、最初に設定しておくと印刷結果に近い状態が画面に表示されるので、仕上がりがイメージしやすくなります。
次のようにページのレイアウトを設定しましょう。

```
用紙サイズ    ：A4
印刷の向き    ：縦
余白          ：上 35mm　下左右 30mm
1ページの行数 ：30行
```

File OPEN Wordを起動し、新しい文書を作成しておきましょう。

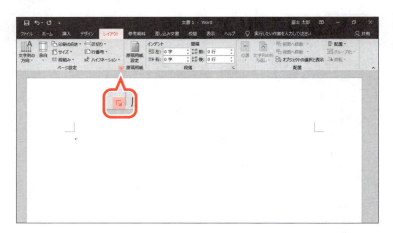

①《**レイアウト**》タブを選択します。
②《**ページ設定**》グループの 🗔 （ページ設定）をクリックします。

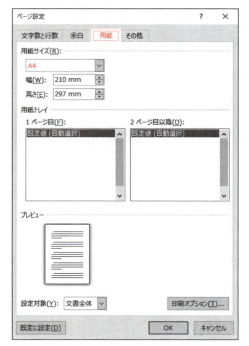

《**ページ設定**》ダイアログボックスが表示されます。
③《**用紙**》タブを選択します。
④《**用紙サイズ**》が《**A4**》になっていることを確認します。

⑤《余白》タブを選択します。
⑥《印刷の向き》の《縦》をクリックします。
⑦《余白》の《上》を「35mm」、《下》《左》《右》を「30mm」に設定します。

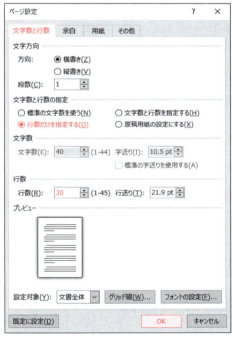

⑧《文字数と行数》タブを選択します。
⑨《行数だけを指定する》を◉にします。
⑩《行数》を「30」に設定します。
⑪《OK》をクリックします。

> **STEP UP** その他の方法（用紙サイズの設定）
> ◆《レイアウト》タブ→《ページ設定》グループの サイズ▼ （ページサイズの選択）

> **STEP UP** その他の方法（印刷の向きの設定）
> ◆《レイアウト》タブ→《ページ設定》グループの 印刷の向き▼ （ページの向きを変更）

> **STEP UP** その他の方法（余白の設定）
> ◆《レイアウト》タブ→《ページ設定》グループの （余白の調整）

Step3 文章を入力する

1 編集記号の表示

↵（段落記号）や□（全角空白）などの記号を「**編集記号**」といいます。初期の設定で、↵（段落記号）は表示されていますが、そのほかの編集記号は表示されていません。文章を入力・編集するときに表示しておくと、レイアウトの目安として使うことができます。例えば、空白を入力した位置をひと目で確認できます。編集記号は印刷されません。
編集記号を表示しましょう。

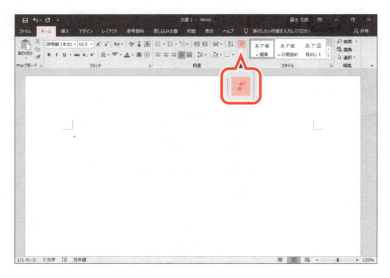

① 《**ホーム**》タブを選択します。
② 《**段落**》グループの ↵ （編集記号の表示/非表示）をクリックします。
※ボタンが濃い灰色になります。

2 日付の入力

「**日付と時刻**」を使うと、本日の日付を入力できます。西暦や和暦を選択したり、自動的に日付が更新されるように設定したりできます。
発信日付を入力しましょう。
※入力を省略する場合は、フォルダー「第3章」の文書「文書の作成」を開き、P.74の「Step4　範囲を選択する」に進みましょう。

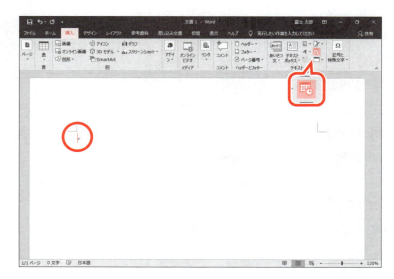

① 1行目にカーソルがあることを確認します。
② 《**挿入**》タブを選択します。
③ 《**テキスト**》グループの （日付と時刻）をクリックします。

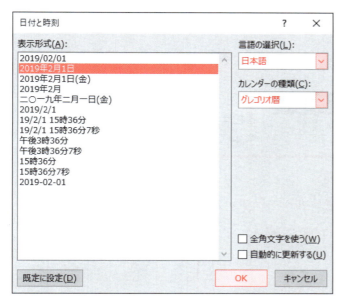

《日付と時刻》ダイアログボックスが表示されます。

④《言語の選択》の∨をクリックし、一覧から《日本語》を選択します。

⑤《カレンダーの種類》の∨をクリックし、一覧から《グレゴリオ暦》を選択します。

⑥《表示形式》の一覧から《〇〇〇〇年〇月〇日》を選択します。

※一覧には、本日の日付が表示されます。ここでは、本日の日付を「2019年2月1日」として実習しています。

⑦《OK》をクリックします。

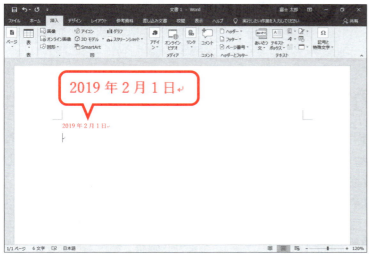

日付が入力されます。

⑧ Enter を押します。

改行されます。

POINT　ボタンの形状

ディスプレイの画面解像度やWordのウィンドウのサイズなど、お使いの環境によって、ボタンの形状やサイズが異なる場合があります。ボタンの操作は、ポップヒントに表示されるボタン名を確認してください。

例：日付と時刻　　日付と時刻

STEP UP　《日付と時刻》ダイアログボックス

《日付と時刻》ダイアログボックスの《自動的に更新する》を✓にすると、文書を開いたときの本日の日付に自動的に更新されます。

STEP UP　本日の日付の挿入

「2019年」のように、日付の先頭を入力・確定すると、本日の日付が表示されます。 Enter を押すと、本日の日付をカーソルの位置に挿入できます。

2019年2月1日（Enter を押すと挿入します）

2019 年

3 文章の入力

文章を入力しましょう。

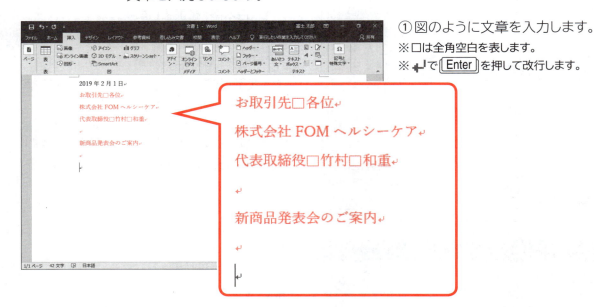

①図のように文章を入力します。
※□は全角空白を表します。
※ ↵ で Enter を押して改行します。

4 頭語と結語の入力

「**入力オートフォーマット**」を使うと、頭語に対応する結語や「**記**」に対応する「**以上**」が入力されたり、かっこの組み合わせが正しくなるように修正されたりするなど、文字の入力に合わせて自動的に書式が設定されます。
頭語と結語の場合は、「**拝啓**」や「**謹啓**」などの頭語を入力して改行したり空白を入力したりすると、対応する「**敬具**」や「**謹白**」などの結語が自動的に右揃えで入力されます。
入力オートフォーマットを使って、頭語「**拝啓**」に対応する結語「**敬具**」を入力しましょう。

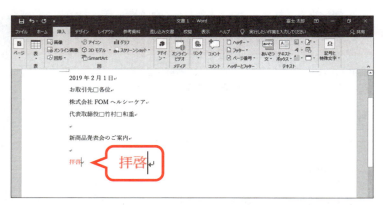

①タイトルの2行下にカーソルがあることを確認します。
②「**拝啓**」と入力します。

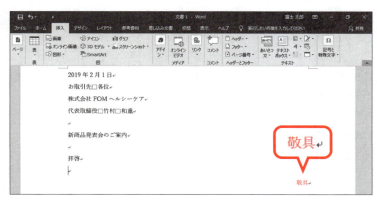

改行します。
③ Enter を押します。
「**敬具**」が右揃えで入力されます。

5 あいさつ文の入力

「あいさつ文の挿入」を使うと、季節のあいさつ・安否のあいさつ・感謝のあいさつを一覧から選択して、簡単に入力できます。
「拝啓」に続けて、2月に適したあいさつ文を入力しましょう。

① 「拝啓」の後ろにカーソルを移動します。全角空白を入力します。
② ［　　　］（スペース）を押します。
③《挿入》タブを選択します。
④《テキスト》グループの （あいさつ文の挿入）をクリックします。
⑤《あいさつ文の挿入》をクリックします。

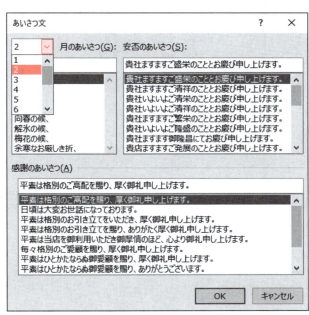

《あいさつ文》ダイアログボックスが表示されます。
⑥《月のあいさつ》の をクリックし、一覧から《2》を選択します。

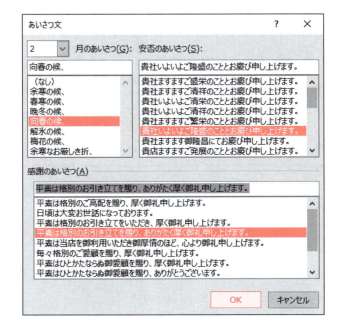

《月のあいさつ》の一覧に2月のあいさつが表示されます。
⑦《月のあいさつ》の一覧から《向春の候、》を選択します。
⑧《安否のあいさつ》の一覧から《貴社いよいよご隆盛のこととお慶び申し上げます。》を選択します。
⑨《感謝のあいさつ》の一覧から《平素は格別のお引き立てを賜り、ありがたく厚く御礼申し上げます。》を選択します。
⑩《OK》をクリックします。

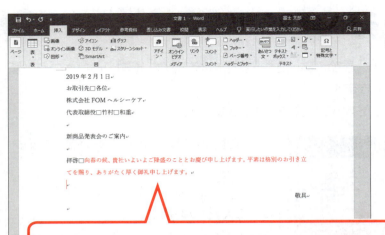

あいさつ文が入力されます。

⑪「…御礼申し上げます。」の下の行にカーソルを移動します。

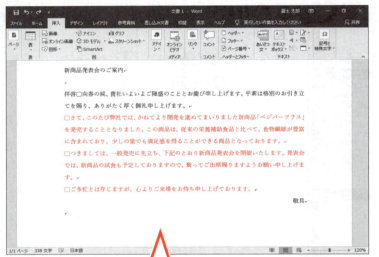

⑫図のように文章を入力します。
※□は全角空白を表します。
※↵で Enter を押して改行します。

6 記書きの入力

「記」と入力して改行すると、「記」が中央揃えされ、「以上」が右揃えで入力されます。
入力オートフォーマットを使って、記書きを入力しましょう。次に、記書きの文章を入力しましょう。

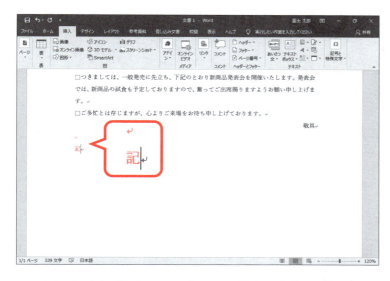

①「**敬具**」の下の行にカーソルを移動します。
改行します。
②　**Enter** を押します。
③「**記**」と入力します。

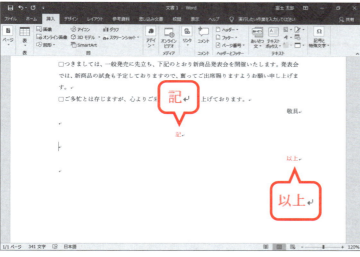

改行します。
④　**Enter** を押します。
「**記**」が中央揃えされ、「**以上**」が右揃えで入力されます。

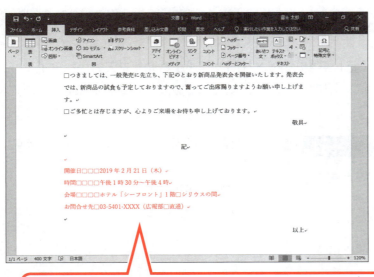

⑤図のように文章を入力します。
※↵で Enter を押して改行します。
※□は全角空白を表します。
※「～」は「から」と入力して変換します。

開催日□□□2019年2月21日（木）↵
時間□□□□午後1時30分～午後4時↵
会場□□□□ホテル「シーフロント」1階□シリウスの間↵
お問合せ先□03-5401-XXXX（広報部□直通）↵
↵

STEP UP　入力オートフォーマットの設定

入力オートフォーマットの各項目のオン・オフを切り替える方法は、次のとおりです。
◆《ファイル》タブ→《オプション》→左側の一覧から《文章校正》を選択→《オートコレクトのオプション》→《入力オートフォーマット》タブ

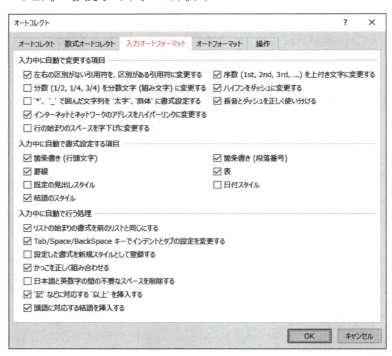

Step 4 範囲を選択する

1 範囲選択

「範囲選択」とは、操作する対象を選択することです。
書式設定・移動・コピー・削除などで使う最も基本的な操作で、対象の範囲を選択してコマンドを実行します。
選択する対象に応じて、文字単位や行単位で適切に範囲を選択しましょう。

2 文字単位の範囲選択

文字単位で選択するには、先頭の文字から最後の文字までドラッグします。
「**新商品発表会**」を選択しましょう。

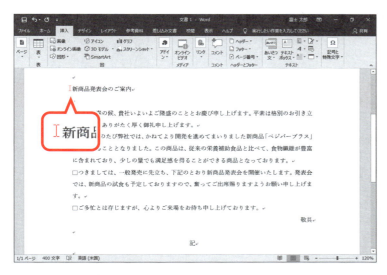

①「**新商品発表会**」の左側をポイントします。
マウスポインターの形が I に変わります。

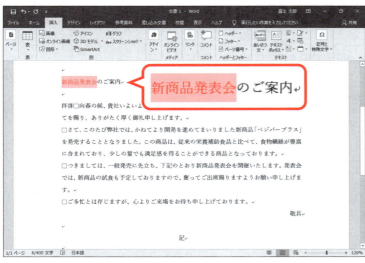

②「**新商品発表会**」の右側までドラッグします。
文字が選択されます。

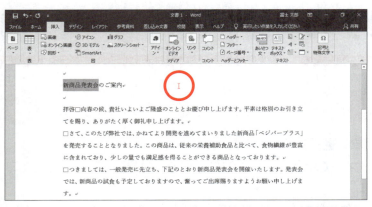

選択を解除します。

③選択した範囲以外の場所をクリックします。

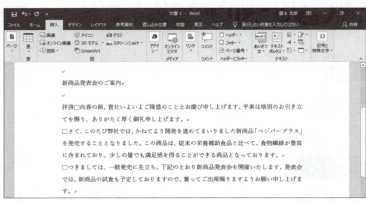

選択が解除されます。

👉 POINT　ミニツールバー

選択した範囲の近くに表示されるボタンの集まりを「ミニツールバー」といいます。
ミニツールバーには、よく使う書式設定に関するボタンが登録されています。マウスをリボンまで動かさずにコマンドが実行できるので、効率的に操作が行えます。
ミニツールバーを使わない場合は、[Esc]を押します。

👉 POINT　選択する範囲の修正

範囲選択のドラッグ中に、必要な文字以外まで選択されてしまうことがあります。そのような場合は、マウスのボタンから手を離さずに、範囲の最終の文字に移動します。

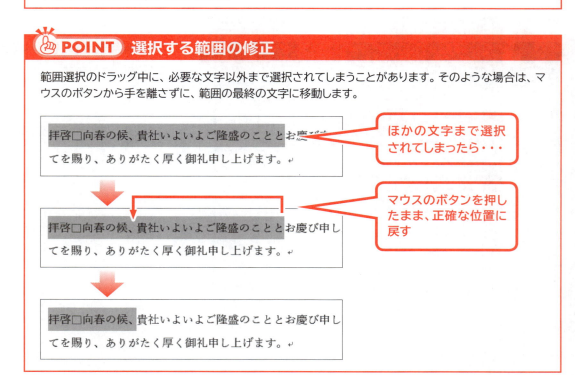

ほかの文字まで選択されてしまったら・・・

マウスのボタンを押したまま、正確な位置に戻す

3　行単位の範囲選択

行を選択するには、行の左端の選択領域をクリックします。
「拝啓…」で始まる行を選択しましょう。

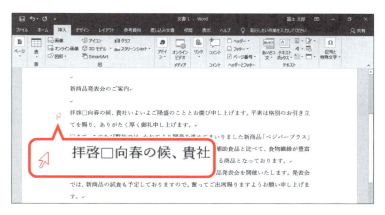

①「拝啓…」で始まる行の左端をポイントします。
マウスポインターの形が ⊿ に変わります。
②クリックします。

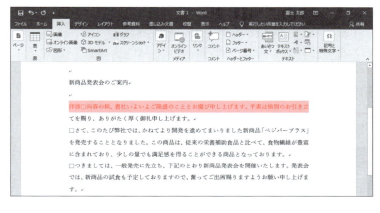

行が選択されます。

POINT　文章の範囲選択の方法

文章を構成する文字、行、段落を選択する方法は、次のとおりです。

単位	操作
文字（文字列の任意の範囲）	方法1）選択する文字をドラッグ 方法2）先頭の文字をクリック 　　　→最終の文字を Shift を押しながらクリック
単語（意味のあるひとかたまり）	単語をダブルクリック
文章（句点またはピリオドで区切られた一文）	Ctrl を押しながら、文章をクリック
行（1行単位）	マウスポインターの形が ⊿ の状態で、行の左端をクリック
複数行（連続する複数の行）	マウスポインターの形が ⊿ の状態で、行の左端をドラッグ
段落（ Enter で段落を改めた範囲）	マウスポインターの形が ⊿ の状態で、段落の左端をダブルクリック
複数段落（連続する複数の段落）	マウスポインターの形が ⊿ の状態で、段落の左端をダブルクリックし、そのままドラッグ
複数の範囲（離れた場所にある複数の範囲）	Ctrl を押しながら、範囲を選択
文章全体	マウスポインターの形が ⊿ の状態で、行の左端をすばやく3回クリック

Step 5 文字を削除・挿入する

1 削除

文字を削除するには、文字を選択して Delete を押します。
「**奮って**」を削除しましょう。

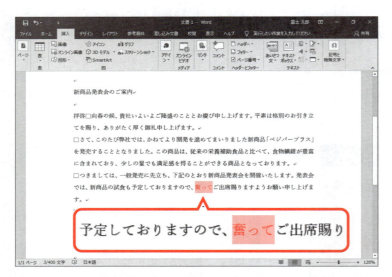

削除する文字を選択します。
① 「**奮って**」を選択します。
② Delete を押します。

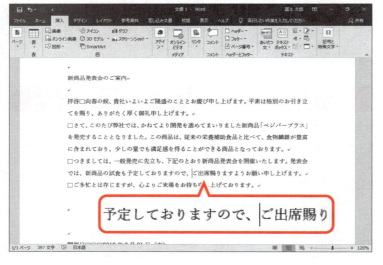

文字が削除され、後ろの文字が字詰めされます。

STEP UP その他の方法（削除）

◆削除する文字の前にカーソルを移動
→ Delete

◆削除する文字の後ろにカーソルを移動
→ Back Space

POINT 元に戻す

クイックアクセスツールバーの ↶ （元に戻す）をクリックすると、直前に行った操作を取り消して、もとの状態に戻すことができます。誤って文字を削除した場合などに便利です。
↶ （元に戻す）を繰り返しクリックすると、過去の操作が順番に取り消されます。

POINT やり直し

クイックアクセスツールバーの ↷ （やり直し）をクリックすると、↶ （元に戻す）で取り消した操作を再度実行できます。

2 挿入

文字を挿入するには、カーソルを挿入する位置に移動して文字を入力します。
「…予定しておりますので、」の後ろに「ぜひ」を挿入しましょう。

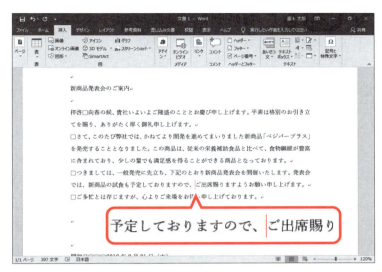

文字を挿入する位置にカーソルを移動します。
① 「…予定しておりますので、」の後ろにカーソルを移動します。

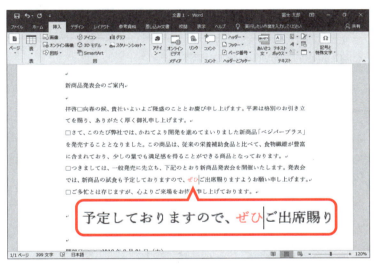

② 「ぜひ」と入力します。
文字が挿入され、後ろの文字が字送りされます。

POINT 字詰め・字送りの範囲

文字を削除したり挿入したりすると、次の （段落記号）までの範囲で文字が字詰め、字送りされます。

STEP UP 上書き

文字を選択した状態で新しい文字を入力すると、新しい文字に上書きできます。

Step6 文字をコピー・移動する

1 コピー

文字をコピーする手順は、次のとおりです。

1 コピー元を選択

コピーする範囲を選択します。

2 コピー

（コピー）をクリックすると、選択している範囲が「クリップボード」と呼ばれる領域に一時的に記憶されます。

3 コピー先にカーソルを移動

コピーする開始位置にカーソルを移動します。

4 貼り付け

（貼り付け）をクリックすると、クリップボードに記憶されている内容がカーソルのある位置にコピーされます。

会社名「株式会社FOMヘルシーケア」を「広報部」の前にコピーしましょう。

コピー元の文字を選択します。
①「**株式会社FOMヘルシーケア**」を選択します。
※ ↵を含めずに、文字だけを選択します。
②《**ホーム**》タブを選択します。
③《**クリップボード**》グループの（コピー）をクリックします。

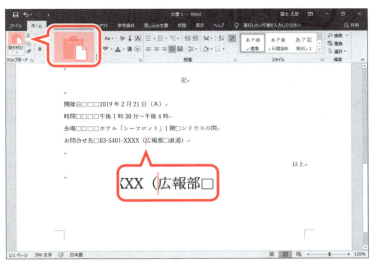

コピー先を指定します。

④「**広報部**」の前にカーソルを移動します。

⑤《**クリップボード**》グループの ![貼り付け] （貼り付け）をクリックします。

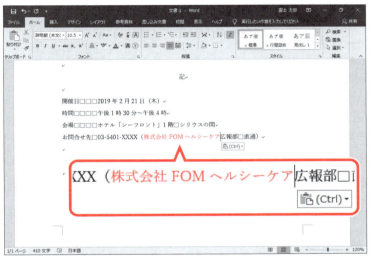

文字がコピーされます。

STEP UP その他の方法（コピー）

◆ コピー元を選択→範囲内を右クリック→《コピー》→コピー先を右クリック→《貼り付けのオプション》から選択
◆ コピー元を選択→ [Ctrl] + [C] →コピー先をクリック→ [Ctrl] + [V]
◆ コピー元を選択→範囲内をポイントし、マウスポインターの形が に変わったら [Ctrl] を押しながらコピー先にドラッグ
※ドラッグ中、マウスポインターの形が に変わります。

POINT 貼り付けのプレビュー

（貼り付け）の をクリックすると、もとの書式のままコピーするか文字だけをコピーするかなどを選択できます。貼り付けを実行する前に、一覧のボタンをポイントすると、コピー結果を文書内で確認できます。一覧に表示されるボタンはコピー元のデータにより異なります。

POINT 貼り付けのオプション

「貼り付け」を実行した直後に表示される (Ctrl)▼ を「貼り付けのオプション」といいます。 (Ctrl)▼ （貼り付けのオプション）をクリックするか、 [Ctrl] を押すと、もとの書式のままコピーするか、文字だけをコピーするかなどを選択できます。
(Ctrl)▼ （貼り付けのオプション）を使わない場合は、 [Esc] を押します。

2 移動

文字を移動する手順は、次のとおりです。

1 移動元を選択
移動する範囲を選択します。

2 切り取り
(切り取り)をクリックすると、選択している範囲が「クリップボード」と呼ばれる領域に一時的に記憶されます。

3 移動先にカーソルを移動
移動する開始位置にカーソルを移動します。

4 貼り付け
(貼り付け)をクリックすると、クリップボードに記憶されている内容がカーソルのある位置に移動します。

「下記のとおり」を「新商品発表会を」の後ろに移動しましょう。

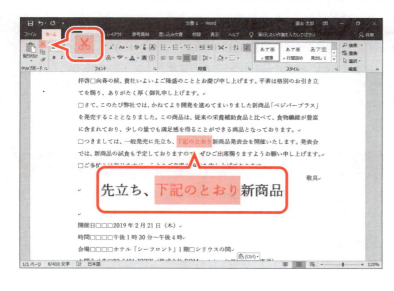

移動元の文字を選択します。
①「下記のとおり」を選択します。
②《ホーム》タブを選択します。
③《クリップボード》グループの (切り取り)をクリックします。

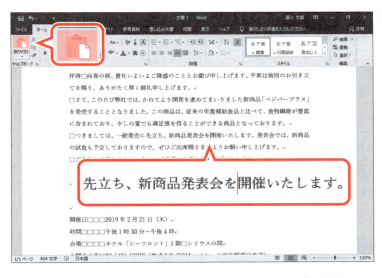

移動先を指定します。

④「**新商品発表会を**」の後ろにカーソルを移動します。

⑤《**クリップボード**》グループの (貼り付け) をクリックします。

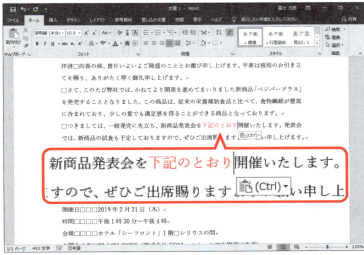

文字が移動します。

STEP UP その他の方法（移動）

◆ 移動元を選択→範囲内を右クリック→《切り取り》→移動先を右クリック→《貼り付けのオプション》から選択
◆ 移動元を選択→ Ctrl + X →移動先をクリック→ Ctrl + V
◆ 移動元を選択→範囲内をポイントし、マウスポインターの形が に変わったら移動先にドラッグ
※ドラッグ中、マウスポインターの形が に変わります。

STEP UP クリップボード

コピーや切り取りを実行すると、データは「クリップボード」（一時的にデータを記憶する領域）に最大24個まで記憶されます。記憶されたデータは《クリップボード》作業ウィンドウに一覧で表示され、Officeアプリで共通して利用できます。
《クリップボード》作業ウィンドウを表示する方法は、次のとおりです。
◆《ホーム》タブ→《クリップボード》グループの (クリップボード)

Step7 文字の配置をそろえる

1 中央揃え・右揃え

行内の文字の配置は変更できます。
文字を中央に配置するときは ≡（中央揃え）、右端に配置するときは ≡（右揃え）を使います。中央揃えや右揃えは段落単位で設定されます。
タイトルを中央揃え、発信日付と発信者名を右揃えにしましょう。

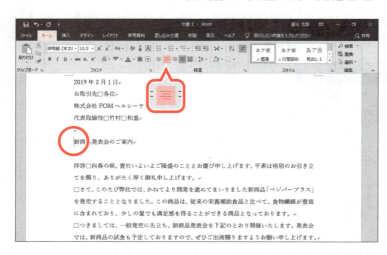

①「**新商品発表会のご案内**」の行にカーソルを移動します。
※段落内であれば、どこでもかまいません。
②《**ホーム**》タブを選択します。
③《**段落**》グループの ≡（中央揃え）をクリックします。

文字が中央揃えされます。
※ボタンが濃い灰色になります。

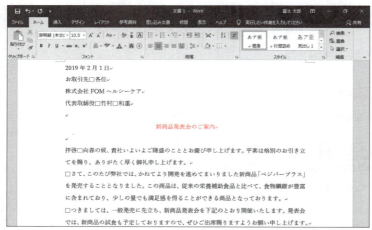

④「**○○○○年○月○日**」の行にカーソルを移動します。
※段落内であれば、どこでもかまいません。
⑤《**段落**》グループの ≡（右揃え）をクリックします。

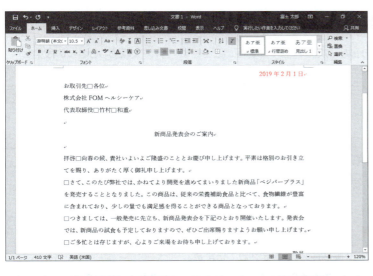

文字が右揃えされます。
※ボタンが濃い灰色になります。

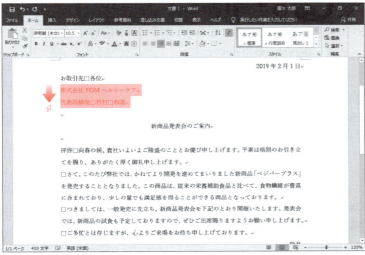

⑥「株式会社FOMヘルシーケア」の行の左端をポイントします。

マウスポインターの形が に変わります。

⑦「代表取締役　竹村　和重」の行の左端までドラッグします。

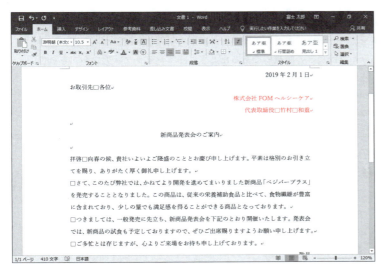

⑧ F4 を押します。

直前の書式が繰り返し設定されます。
※選択を解除しておきましょう。

> **STEP UP** その他の方法（中央揃え）
> ◆段落内にカーソルを移動→ Ctrl + E

> **STEP UP** その他の方法（右揃え）
> ◆段落内にカーソルを移動→ Ctrl + R

POINT 段落

「段落」とは ↵（段落記号）の次の行から次の ↵ までの範囲のことです。1行の文章でもひとつの段落と認識されます。改行すると、段落を改めることができます。

STEP UP 繰り返し

F4 を押すと、直前に実行したコマンドを繰り返すことができます。
ただし、F4 を押してもコマンドが繰り返し実行できない場合もあります。

STEP UP 両端揃えと左揃え

初期の設定では、段落には「両端揃え」が設定されています。
段落内の文章が1行の場合、「両端揃え」と「左揃え」のどちらを設定しても同じように表示されますが、段落内の文章が2行以上になると、次のように表示が異なります。
※入力している文字や設定しているフォントの種類などにより、表示は異なります。

●両端揃え：行の左端と右端に合わせて文章が配置

> ストレスという言葉を広めたカナダのある生理学者の説明を引用すれば、ストレスとは「身体的な痛み、悩みや恐怖などの刺激にであったときに陥るショック状態から、もとの状態に戻ろうとする体の働き」だそうです。つまり、危機的状態から逃れようとする内に秘めた力がストレスの本当の姿なのです。したがって、ストレスは体が持っている防衛機能であり、生きるためのエネルギーでもあるのです。↵

両端揃えにする方法は、次のとおりです。
◆段落内にカーソルを移動→《ホーム》タブ→《段落》グループの ≡ （両端揃え）

●左揃え：行の左端に寄せて配置

> ストレスという言葉を広めたカナダのある生理学者の説明を引用すれば、ストレスとは「身体的な痛み、悩みや恐怖などの刺激にであったときに陥るショック状態から、もとの状態に戻ろうとする体の働き」だそうです。つまり、危機的状態から逃れようとする内に秘めた力がストレスの本当の姿なのです。したがって、ストレスは体が持っている防衛機能であり、生きるためのエネルギーでもあるのです。↵

左揃えにする方法は、次のとおりです。
◆段落内にカーソルを移動→《ホーム》タブ→《段落》グループの ≡ （左揃え）

2 インデント

段落単位で字下げするには「**左インデント**」を設定します。
🔲（インデントを増やす）を使うと、1回クリックするごとに1文字ずつ字下げされます。
🔲（インデントを減らす）を使うと、1回クリックするごとに1文字ずつもとの位置に戻ります。
記書きの左インデントを調整しましょう。

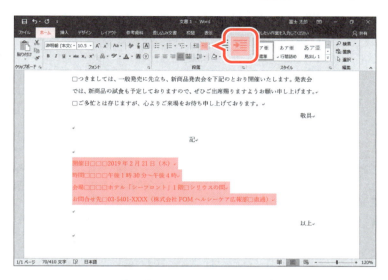

① 「**開催日…**」で始まる行から「**お問合せ先…**」で始まる行を選択します。
※行の左端をドラッグします。
②《**ホーム**》タブを選択します。
③《**段落**》グループの 🔲（インデントを増やす）を3回クリックします。

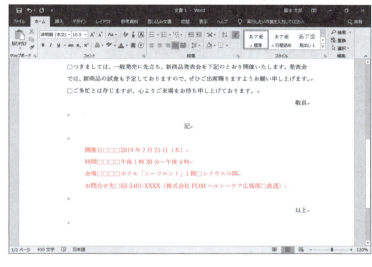

左のインデント幅が変更されます。
※選択を解除しておきましょう。

STEP UP その他の方法（左インデント）

◆ 段落にカーソルを移動→《レイアウト》タブ→《段落》グループの 🔲左:（左インデント）を設定
◆ 段落にカーソルを移動→《レイアウト》タブ→《段落》グループの 🔲（段落の設定）→《インデントと行間隔》タブ→《インデント》の《左》を設定
◆ 段落にカーソルを移動→《ホーム》タブ→《段落》グループの 🔲（段落の設定）→《インデントと行間隔》タブ→《インデント》の《左》を設定

POINT インデントの解除

インデントが設定してある行で改行すると、次の行にも自動的にインデントが設定されます。
自動的に設定されたインデントを解除するには、[BackSpace]を押します。

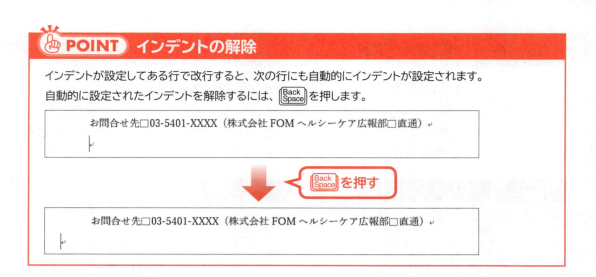

STEP UP 水平ルーラーを使った左インデントの設定

水平ルーラーを表示すると、水平ルーラー上にある「インデントマーカー」を使ってインデントを操作することができます。インデントマーカーを使うと、ほかの文字との位置関係を意識しながら、行頭だけでなく行末の位置を変更することもできます。

※水平ルーラーは《表示》タブ→《表示》グループの《ルーラー》を ☑ にして、表示・非表示を切り替えます。

インデントマーカーを使って左インデントを操作する方法は、次のとおりです。

◆段落内にカーソルを移動→水平ルーラーの □ （左インデント）をドラッグ

※[Alt]を押しながらドラッグすると、インデントを微調整できます。

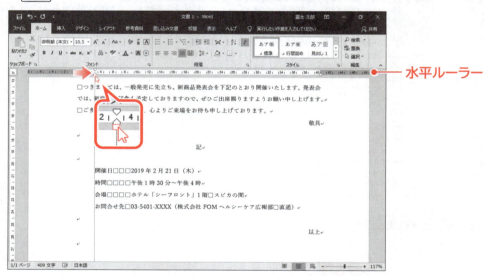

3 段落番号

「**段落番号**」を使うと、段落の先頭に「**1.2.3.**」や「**①②③**」などの番号を付けることができます。

記書きに「**1.2.3.**」の段落番号を付けましょう。

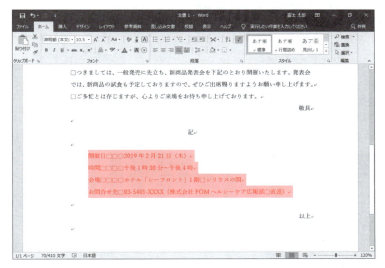

①「**開催日…**」で始まる行から「**お問合せ先…**」で始まる行を選択します。
※行の左端をドラッグします。

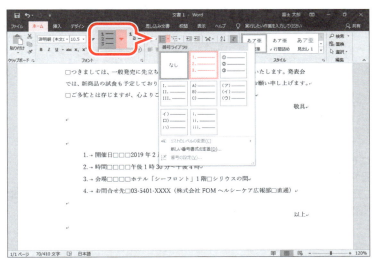

②《**ホーム**》タブを選択します。
③《**段落**》グループの（段落番号）のをクリックします。
④《**1.2.3.**》をクリックします。
※一覧をポイントすると、設定後のイメージを画面で確認できます。

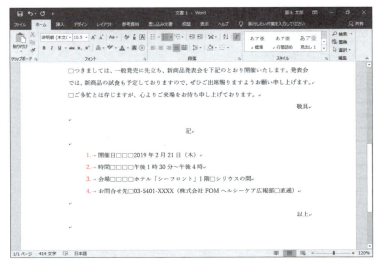

段落番号が設定されます。
※ボタンが濃い灰色になります。
※選択を解除しておきましょう。

STEP UP その他の方法（段落番号）

◆段落を選択→ミニツールバーの ▦▾（段落番号）の ▾

POINT リアルタイムプレビュー

「リアルタイムプレビュー」とは、一覧の選択肢をポイントして、設定後のイメージを画面で確認できる機能です。設定前に確認できるため、繰り返し設定し直す手間を省くことができます。

STEP UP 箇条書き

「箇条書き」を使うと、段落の先頭に「●」や「◆」などの記号を付けることができます。
箇条書きを設定する方法は、次のとおりです。

◆段落を選択→《ホーム》タブ→《段落》グループの ▦▾（箇条書き）の ▾

また、「●」や「◆」以外にも記号や図などを行頭文字として設定することができます。
一覧に表示されない記号や図を行頭文字に設定する方法は、次のとおりです。

◆段落を選択→《ホーム》タブ→《段落》グループの ▦▾（箇条書き）の ▾→《新しい行頭文字の定義》→《記号》または《図》

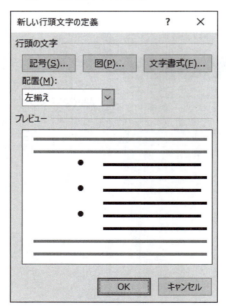

Step8 文字を装飾する

1 フォントサイズ

文字の大きさのことを「**フォントサイズ**」といい、「**ポイント(pt)**」という単位で表します。
初期の設定は「10.5」ポイントです。
フォントサイズを変更するには 10.5 （フォントサイズ）を使います。
タイトルのフォントサイズを「18」ポイントに変更しましょう。

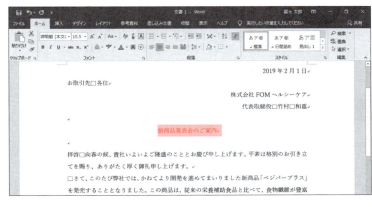

①「**新商品発表会のご案内**」の行を選択します。
※行の左端をクリックします。

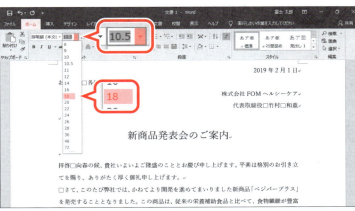

②《**ホーム**》タブを選択します。
③《**フォント**》グループの 10.5 （フォントサイズ）の をクリックし、一覧から《**18**》を選択します。
※一覧をポイントすると、設定後のイメージを画面で確認できます。

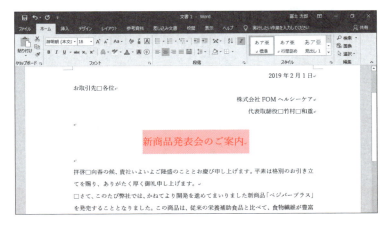

フォントサイズが変更されます。

STEP UP その他の方法（フォントサイズ）

◆文字を選択→ミニツールバーの 10.5 （フォントサイズ）の

2 フォント

文字の書体のことを「**フォント**」といいます。初期の設定は「**游明朝**」です。
フォントを変更するには 游明朝(本文 (フォント)を使います。
タイトルのフォントを「**MSPゴシック**」に変更しましょう。

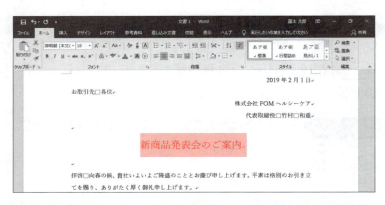

①「**新商品発表会のご案内**」の行が選択されていることを確認します。

②《**ホーム**》タブを選択します。
③《**フォント**》グループの 游明朝(本文 (フォント)の をクリックし、一覧から《**MSPゴシック**》を選択します。

※一覧に表示されていない場合は、スクロールして調整します。
※一覧をポイントすると、設定後のイメージを画面で確認できます。

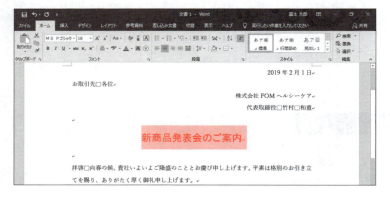

フォントが変更されます。

STEP UP その他の方法(フォント)

◆文字を選択→ミニツールバーの 游明朝 (フォント)の

POINT フォントの色の変更

文字に色を付けて、強調できます。
フォントの色を変更する方法は、次のとおりです。
◆文字を選択→《**ホーム**》タブ→《**フォント**》グループの (フォントの色)の

3　太字・斜体

文字を太くしたり、斜めに傾けたりして強調できます。
タイトルに太字と斜体を設定しましょう。

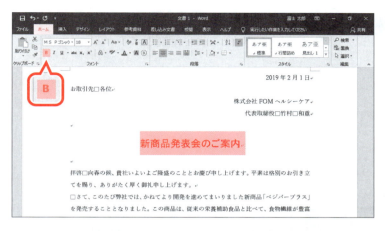

①「**新商品発表会のご案内**」の行が選択されていることを確認します。
②《**ホーム**》タブを選択します。
③《**フォント**》グループの B （太字）をクリックします。

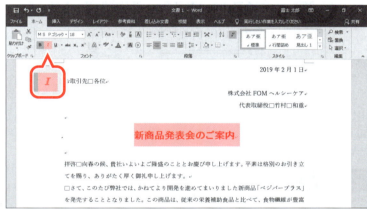

文字が太字になります。
※ボタンが濃い灰色になります。
④《**フォント**》グループの I （斜体）をクリックします。

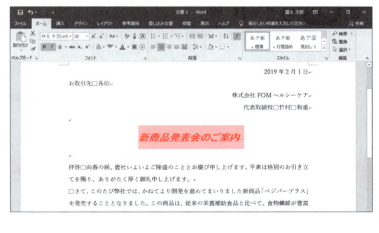

文字が斜体になります。
※ボタンが濃い灰色になります。

STEP UP　その他の方法（太字）
◆文字を選択→ミニツールバーの B （太字）
◆文字を選択→ Ctrl + B

STEP UP　その他の方法（斜体）
◆文字を選択→ミニツールバーの I （斜体）
◆文字を選択→ Ctrl + I

4 下線

文字に下線を付けて強調できます。二重線や波線など、下線の種類を選択できます。
タイトルに二重下線を設定しましょう。

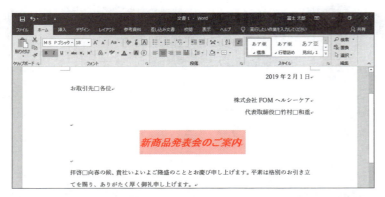

①「**新商品発表会のご案内**」の行が選択されていることを確認します。

②《ホーム》タブを選択します。
③《フォント》グループの U ▼（下線）の ▼ をクリックします。
④《━━━━━》（二重下線）をクリックします。
※一覧をポイントすると、設定後のイメージを画面で確認できます。

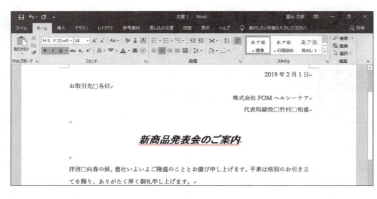

文字に二重下線が付きます。
※ボタンが濃い灰色になります。
※選択を解除しておきましょう。

STEP UP　その他の方法（一重下線）

◆ 文字を選択→ミニツールバーの U （下線）
◆ 文字を選択→ Ctrl + U

POINT　下線

線の種類を指定せずに U （下線）をクリックすると、一重下線が付きます。また、ほかの線の種類を選択して実行したあとに U （下線）をクリックすると、直前に設定した種類の下線が付きます。

STEP UP　太字・斜体・下線の解除

太字・斜体・下線を解除するには、解除する範囲を選択して B （太字）・ I （斜体）・ U （下線）を再度クリックします。設定が解除されると、ボタンが濃い灰色から標準の色に戻ります。

STEP UP　書式のクリア

文字に設定した書式を一括してクリアできます。
◆ 文字を選択→《ホーム》タブ→《フォント》グループの （すべての書式をクリア）

Step 9 文書を保存する

1 名前を付けて保存

作成した文書を残しておくには、文書に名前を付けて保存します。
作成した文書に「**文書の作成完成**」と名前を付けてフォルダー「**第3章**」に保存しましょう。

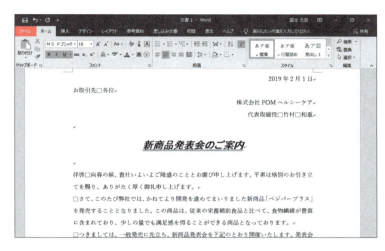

①《**ファイル**》タブを選択します。

②《**名前を付けて保存**》をクリックします。
③《**参照**》をクリックします。

《**名前を付けて保存**》ダイアログボックスが表示されます。
文書を保存する場所を選択します。
④《**ドキュメント**》が開かれていることを確認します。
※《ドキュメント》が開かれていない場合は、《PC》→《ドキュメント》をクリックします。
⑤一覧から「**Word2019基礎**」を選択します。
⑥《**開く**》をクリックします。

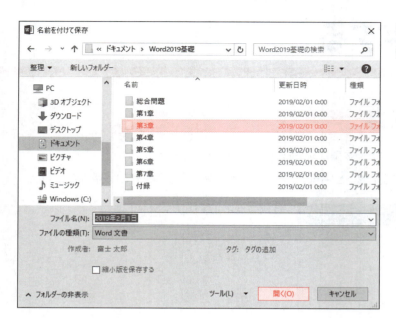

⑦一覧から「**第3章**」を選択します。

⑧《**開く**》をクリックします。

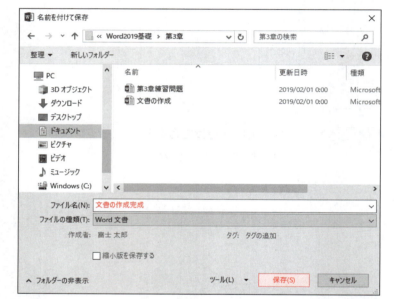

⑨《**ファイル名**》に「**文書の作成完成**」と入力します。

⑩《**保存**》をクリックします。

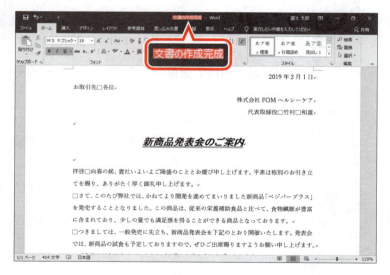

文書が保存されます。

⑪タイトルバーに文書の名前が表示されていることを確認します。

STEP UP　その他の方法（名前を付けて保存）

STEP UP　フォルダーを作成して文書を保存する

《名前を付けて保存》ダイアログボックスの《新しいフォルダー》を使うと、フォルダーを新しく作成して文書を保存できます。
エクスプローラーを起動せずにフォルダーが作成できるので便利です。

2 上書き保存

保存した文書の内容を編集した場合、更新するには上書き保存します。
会場の「**シリウスの間**」を「**スピカの間**」に修正し、文書を上書き保存しましょう。

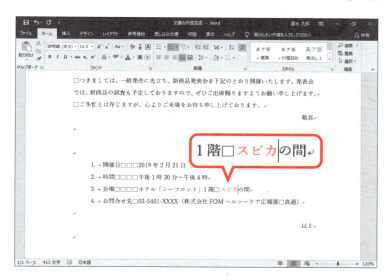

① 「**シリウス**」を選択します。
② 「**スピカ**」と入力します。

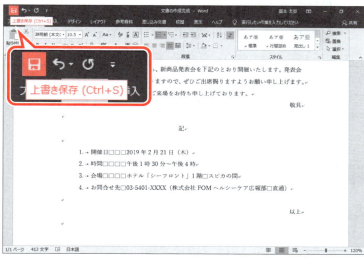

文字が変更されます。
③ クイックアクセスツールバーの ■ （上書き保存）をクリックします。
上書き保存されます。

STEP UP その他の方法（上書き保存）

◆《ファイル》タブ→《上書き保存》
◆ Ctrl + S

POINT 上書き保存と名前を付けて保存

すでに保存されている文書の内容を一部編集して、編集後の内容だけを保存するには、「上書き保存」します。
編集前の文書も編集後の文書も保存するには、「名前を付けて保存」で別の名前を付けて保存します。

Step 10 文書を印刷する

1 印刷する手順

作成した文書を印刷する手順は、次のとおりです。

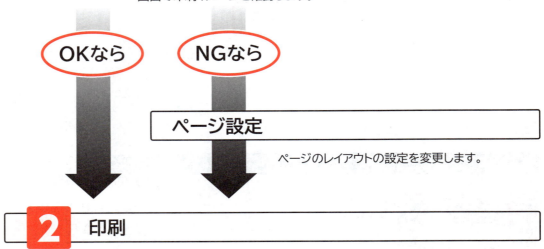

2 印刷イメージの確認

画面で印刷イメージを確認することができます。
印刷の向きや余白のバランスは適当か、レイアウトが整っているかなどを確認します。

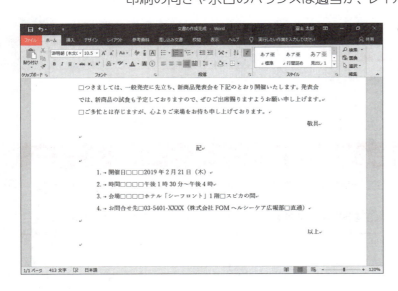

①《ファイル》タブを選択します。

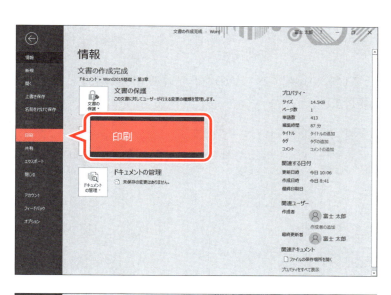

②《印刷》をクリックします。

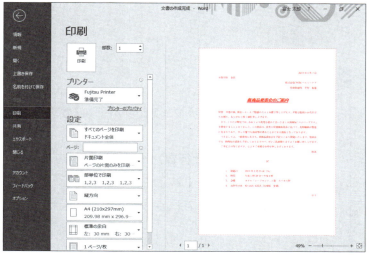

③印刷イメージを確認します。

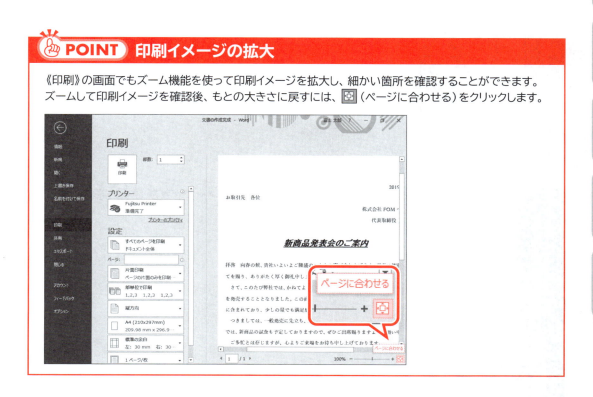

POINT　印刷イメージの拡大

《印刷》の画面でもズーム機能を使って印刷イメージを拡大し、細かい箇所を確認することができます。
ズームして印刷イメージを確認後、もとの大きさに戻すには、🔲（ページに合わせる）をクリックします。

3 ページ設定

印刷イメージでレイアウトが整っていない場合、ページのレイアウトを調整します。
1ページの行数を「27行」に変更しましょう。

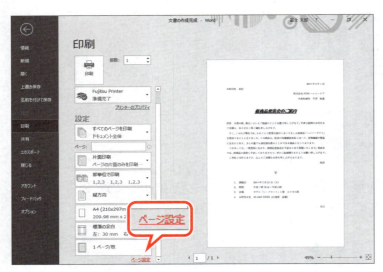

①《ページ設定》をクリックします。
※表示されていない場合は、スクロールして調整しましょう。

《ページ設定》ダイアログボックスが表示されます。
②《文字数と行数》タブを選択します。
③《行数》を「27」に設定します。
④《OK》をクリックします。

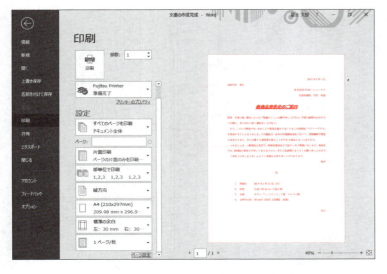

行数が変更されます。
⑤印刷イメージが変更されていることを確認します。

4 印刷

文書を1部印刷しましょう。

①《部数》が「1」になっていることを確認します。
②《プリンター》に出力するプリンターの名前が表示されていることを確認します。
※表示されていない場合は、 をクリックし一覧から選択します。
③《印刷》をクリックします。

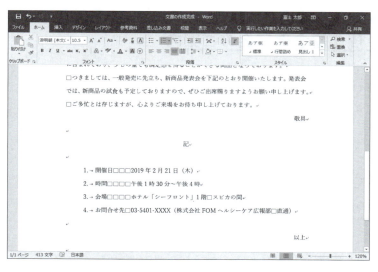

印刷を実行すると、文書の作成画面に戻ります。
※《ページ設定》ダイアログボックスで設定した内容を保存するため、文書を上書き保存し、閉じておきましょう。

STEP UP その他の方法（印刷）
◆ Ctrl + P

STEP UP 文書の作成画面に戻る
印刷イメージを確認したあと、印刷を実行せずに文書の作成画面に戻るには、Esc を押します。
 （閉じる）をクリックすると、Wordが終了してしまうので注意しましょう。

練習問題

完成図のような文書を作成しましょう。

 **Wordを起動し、新しい文書を作成しておきましょう。**

●完成図

2019年6月吉日

スクール生　各位

みなとミュージックスクール

校長　黒川　仁

10周年記念発表会のご案内

拝啓　初夏の候、ますます御健勝のこととお慶び申し上げます。平素はひとかたならぬ御愛顧を賜り、ありがとうございます。

　さて、本校は2019年7月1日をもちまして、設立10周年を迎えることとなりました。この節目を迎えることができましたのも、ひとえに皆様の多大なるご支援、ご厚情の賜物と心より感謝申し上げます。

　つきましては、これを記念して10周年記念発表会を下記のとおり開催いたします。フィナーレには、みなとミュージックスクール設立にご尽力いただき、国内外でご活躍されているピアニストの音田　奏さんをゲストとしてお迎えし、代表曲「虹の向こうで」を演奏していただきます。

　ご家族やご友人をお誘いあわせの上、ご来場くださいますようお願い申し上げます。

敬具

記

1. 日にち　　2019年7月14日（日）
2. 時　間　　午後1時30分～午後5時（開場　午後1時）
3. 会　場　　ゆうゆう会館　大ホール
4. 入場料　　無料

以上

① 次のようにページのレイアウトを設定しましょう。

```
用紙サイズ    ：A4
印刷の向き    ：縦
1ページの行数：30行
```

② 次のように文章を入力しましょう。
※入力を省略する場合は、フォルダー「第3章」の文書「第3章練習問題」を開き、③に進みましょう。

Hint! あいさつ文は、《挿入》タブ→《テキスト》グループの ■ （あいさつ文の挿入）を使って入力しましょう。

```
2019年6月吉日↵
スクール生□各位↵
みなとミュージックスクール↵
校長□黒川□仁↵
↵
10周年記念発表会のご案内↵
↵
拝啓□初夏の候、ますます御健勝のこととお慶び申し上げます。平素はひとかたならぬ御愛顧を賜り、ありがとうございます。↵
□さて、本校は2019年7月1日をもちまして、設立10周年を迎えることとなりました。この節目を迎えることができましたのも、ひとえに皆様の多大なるご支援、ご厚情の賜物と心より感謝申し上げます。↵
□つきましては、これを記念して10周年記念発表会を下記のとおり開催いたします。フィナーレには、設立にご尽力いただき、国内外でご活躍されている音田□奏さんをゲストとしてお迎えし、代表曲「虹の向こうで」を演奏していただきます。↵
□ご家族やご友人をお誘いあわせの上、ご来場くださいますようお願い申し上げます。↵
                                                              敬具↵
↵
                         記↵
↵
日にち□□2019年7月14日（日）↵
時□間□□午後1時30分～午後5時（開場□午後1時）↵
会□場□□ゆうゆう会館□大ホール↵
入場料□□無料↵
↵
                                                              以上↵
```

※↵で Enter を押して改行します。
※□は全角空白を表します。
※「～」は「から」と入力して変換します。

③ 発信日付「2019年6月吉日」と発信者名「みなとミュージックスクール」「校長　黒川　仁」をそれぞれ右揃えにしましょう。

④ タイトル「**10周年記念発表会のご案内**」に次の書式を設定しましょう。

```
フォント       ：MSゴシック
フォントサイズ ：20ポイント
太字
太線の下線
中央揃え
```

⑤ 発信者名の「**みなとミュージックスクール**」を本文内の「**設立にご尽力いただき…**」の前にコピーしましょう。

⑥ 「**音田　奏さんを…**」の前に「**ピアニストの**」を挿入しましょう。

⑦ 「**日にち…**」で始まる行から「**入場料…**」で始まる行に5文字分の左インデントを設定しましょう。

⑧ 「**日にち…**」で始まる行から「**入場料…**」で始まる行に「1.2.3.」の段落番号を付けましょう。

⑨ 印刷イメージを確認し、1部印刷しましょう。

※文書に「第3章練習問題完成」と名前を付けて、フォルダー「第3章」に保存し、閉じておきましょう。

第4章

表の作成

Check	この章で学ぶこと	105
Step1	作成する文書を確認する	106
Step2	表を作成する	107
Step3	表の範囲を選択する	111
Step4	表のレイアウトを変更する	114
Step5	表に書式を設定する	124
Step6	表にスタイルを適用する	133
Step7	段落罫線を設定する	136
練習問題		138

第4章 この章で学ぶこと

学習前に習得すべきポイントを理解しておき、学習後には確実に習得できたかどうかを振り返りましょう。

1	表の構成を理解できる。	☑☑☑ →P.107
2	行数と列数を指定して表を作成できる。	☑☑☑ →P.108
3	表内に文字を入力できる。	☑☑☑ →P.110
4	選択する対象に応じて、適切に表の範囲を選択できる。	☑☑☑ →P.111
5	表に行や列を挿入したり、削除したりできる。	☑☑☑ →P.114
6	表の列幅や行の高さを変更できる。	☑☑☑ →P.116
7	表全体のサイズを変更できる。	☑☑☑ →P.119
8	複数のセルをひとつのセルに結合したり、ひとつのセルを複数のセルに分割したりできる。	☑☑☑ →P.121
9	セル内の文字の配置を変更できる。	☑☑☑ →P.124
10	表の配置を変更できる。	☑☑☑ →P.128
11	罫線の種類や太さ、色を変更できる。	☑☑☑ →P.129
12	セルに色を塗ることができる。	☑☑☑ →P.131
13	表にスタイルを適用し、簡単に表の見栄えを整えることができる。	☑☑☑ →P.133
14	段落罫線を設定し、文書内に区切り線を入れることができる。	☑☑☑ →P.136

Step1 作成する文書を確認する

1 作成する文書の確認

次のような文書を作成しましょう。

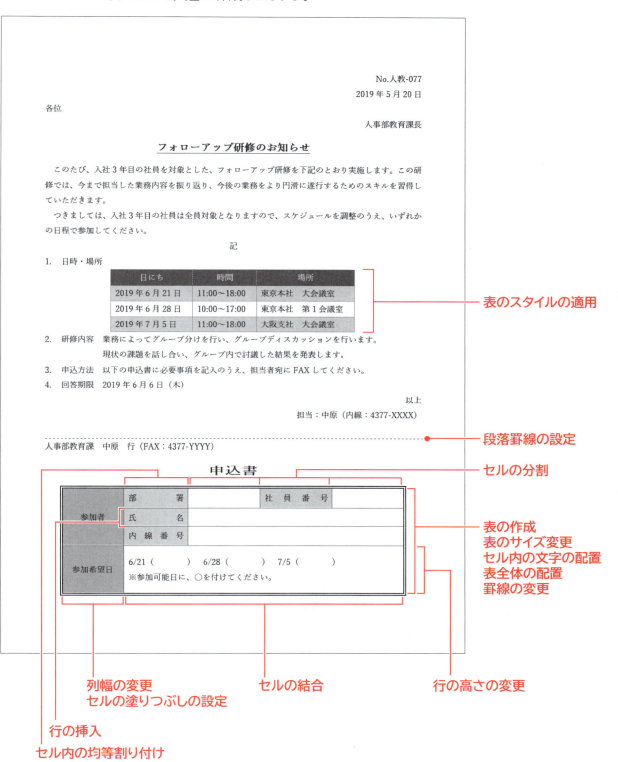

Step 2 表を作成する

1 表の構成

「表」を使うと、項目ごとにデータを整列して表示でき、内容を読み取りやすくなります。表は罫線で囲まれた「**列**」と「**行**」で構成されます。また、罫線で囲まれたひとつのマス目を「**セル**」といいます。

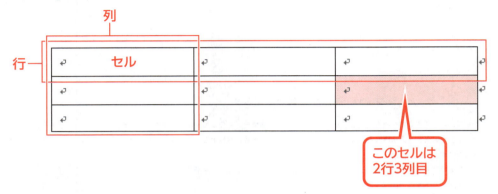

このセルは2行3列目

2 表の作成方法

表を作成するには、《**挿入**》タブの (表の追加)を使い、次のような方法で作成します。

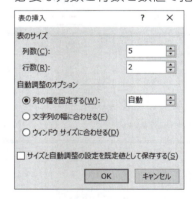

❶ **マス目で指定する**
必要な行数と列数をマス目で指定して、表を作成します。縦8行、横10列までの表を作成できます。

❷ **数値で指定する**
必要な列数と行数を数値で指定して、表を作成します。

❸ **ドラッグ操作で罫線を引く**
鉛筆で線を引くように、ドラッグして罫線を引いて、表を作成します。部分的に高さが異なったり、行ごとに列数が異なったりする表を作成する場合に便利です。

❹ **サンプルから作成する**
完成イメージに近い表のサンプルを選択して、表を作成します。
※作成した表は、表のイメージがつかみやすいように、サンプルデータが入力されています。

3 表の挿入

文末に4行3列の表を作成しましょう。

File OPEN フォルダー「第4章」の文書「表の作成」を開いておきましょう。

文末にカーソルを移動します。
① Ctrl + End を押します。
※文末にカーソルを移動するには、Ctrl を押しながら End を押します。
②《挿入》タブを選択します。
③《表》グループの ▦ (表の追加) をクリックします。

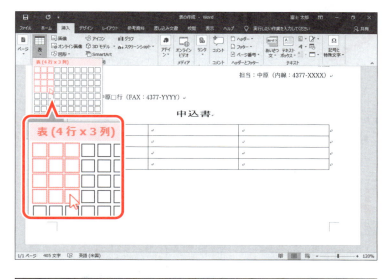

マス目が表示されます。
行数 (4行) と列数 (3列) を指定します。
④下に4マス分、右に3マス分の位置をポイントします。
⑤表のマス目の上に「**表 (4行×3列)**」と表示されていることを確認し、クリックします。

表が作成されます。
リボンに《表ツール》の《デザイン》タブと《レイアウト》タブが表示されます。

> **POINT** 《表ツール》の《デザイン》タブと《レイアウト》タブ
>
> 表内にカーソルがあるとき、リボンに《表ツール》の《デザイン》タブと《レイアウト》タブが表示され、表に関するコマンドが使用できる状態になります。

STEP UP カーソルの移動（文頭・文末）

効率よく文頭（文書の先頭）や文末（文書の末尾）にカーソルを移動する方法は、次のとおりです。

文頭

◆ Ctrl + Home

文末

◆ Ctrl + End

STEP UP ドラッグ操作による表の作成

《罫線を引く》を使って表を作成する方法は、次のとおりです。

❶ 罫線を引ける状態にする

（表の追加）をクリックして《罫線を引く》を選択すると、マウスポインターの形が に変わります。

❷ 外枠を引く

左上から右下へドラッグします。

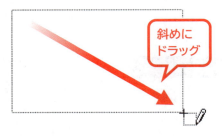

斜めに
ドラッグ

❸ 縦線・横線を引く

外枠内を上から下へ、または左から右へドラッグします。

※外枠がない状態では、縦線や横線を引くことはできません。

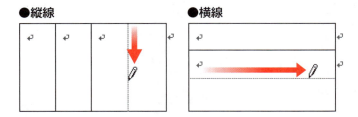

●縦線　　　●横線

STEP UP 複合表

表内の情報を整理するために、セル内に別の表を作成できます。セル内に作成した表を「複合表」といいます。

任意のセル内に新しく表を挿入したり、既存の表をコピー・移動したりして、複合表を作成できます。

セル内に別の表を作成できる

4　文字の入力

作成した表に文字を入力しましょう。

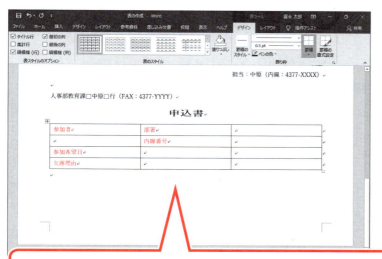

①図のように文字を入力します。

※文字を入力・確定後 Enter を押すと、改行されてセルが縦方向に広がるので注意しましょう。間違えて改行した場合は、Back Space を押します。

STEP UP　表内のカーソルの移動

表内でカーソルを移動する場合は、次のキーで操作します。

移動方向	キー
右のセルへ移動	Tab または →
左のセルへ移動	Shift + Tab または ←
上のセルへ移動	↑
下のセルへ移動	↓

Step 3 表の範囲を選択する

1 セルの選択

ひとつのセルを選択する場合、セル内の左端をクリックします。
複数のセルをまとめて選択する場合、開始位置のセルから終了位置のセルまでドラッグします。
「**参加者**」のセルを選択しましょう。次に、「**参加者**」から「**内線番号**」のセルをまとめて選択しましょう。

「**参加者**」のセルを選択します。
①図のように、選択するセル内の左端をポイントします。
マウスポインターの形が ➤ に変わります。
②クリックします。

セルが選択されます。
セルの選択を解除します。
③選択されているセル以外の場所をクリックします。

セルの選択が解除されます。

「**参加者**」から「**内線番号**」のセルを選択します。
④図のように、開始位置のセルから終了位置のセルまでドラッグします。
複数のセルが選択されます。
※選択を解除しておきましょう。

> **STEP UP** その他の方法（セルの選択）
>
> ◆セル内にカーソルを移動→《表ツール》の《レイアウト》タブ→《表》グループの （表の選択）→《セルの選択》

2　行の選択

行を選択する場合、行の左側をクリックします。
2行目を選択しましょう。

①図のように、選択する行の左側をポイントします。
マウスポインターの形が ⚐ に変わります。
②クリックします。

行が選択されます。
※選択を解除しておきましょう。

> **STEP UP** その他の方法（行の選択）
>
> ◆行内にカーソルを移動→《表ツール》の《レイアウト》タブ→《表》グループの 選択 ▼（表の選択）→《行の選択》

3　列の選択

列を選択する場合、列の上側をクリックします。
1列目を選択しましょう。

①図のように、選択する列の上側をポイントします。
マウスポインターの形が ↓ に変わります。
②クリックします。

列が選択されます。
※選択を解除しておきましょう。

> **STEP UP** その他の方法（列の選択）
>
> ◆列内にカーソルを移動→《表ツール》の《レイアウト》タブ→《表》グループの 選択 ▼（表の選択）→《列の選択》

4 表全体の選択

表全体を選択するには、⊞（表の移動ハンドル）をクリックします。⊞（表の移動ハンドル）は、表内をポイントすると、表の左上に表示されます。
表全体を選択しましょう。

①表内をポイントします。
※表内であれば、どこでもかまいません。
表の左上に⊞（表の移動ハンドル）が表示されます。

②⊞（表の移動ハンドル）をポイントします。
マウスポインターの形が変わります。
③クリックします。

表全体が選択されます。
※選択を解除しておきましょう。

STEP UP その他の方法（表全体の選択）

◆表内にカーソルを移動→《表ツール》の《レイアウト》タブ→《表》グループの[選択]（表の選択）→《表の選択》

POINT 表の範囲選択の方法

表を構成するセル、行、列を選択する方法は、次のとおりです。

単位	操作
セル	マウスポインターの形が♪の状態で、セル内の左端をクリック
セル範囲	セルの開始位置から終了位置のセルまでをドラッグ
行（1行単位）	マウスポインターの形が♪の状態で、行の左側をクリック
複数行（連続する複数の行）	マウスポインターの形が♪の状態で、行の左側をドラッグ
列（1列単位）	マウスポインターの形が↓の状態で、列の上側をクリック
複数列（連続する複数の列）	マウスポインターが↓の状態で、列の上側をドラッグ
複数のセル範囲（離れた場所にある複数の範囲）	[Ctrl]を押しながら、範囲を選択
表全体	表をポイントし、表の左上の⊞（表の移動ハンドル）をクリック

Step 4 表のレイアウトを変更する

1 行の挿入

表を作成したあとに行を挿入できます。行を挿入するには ⊕ を使います。
「部署」の行と「内線番号」の行の間に1行挿入しましょう。

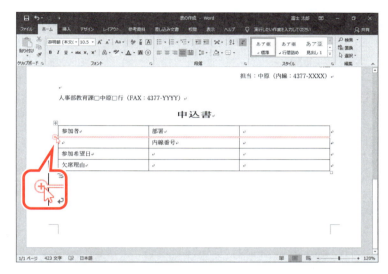

①表内をポイントします。
※表内であれば、どこでもかまいません。
②1行目と2行目の間の罫線の左側をポイントします。
罫線の左側に ⊕ が表示され、行と行の間の罫線が二重線になります。
③ ⊕ をクリックします。

行が挿入されます。
④挿入した行の2列目に「氏名」と入力します。

STEP UP その他の方法（行の挿入）

◆挿入する行のセルを右クリック→《挿入》→《上に行を挿入》／《下に行を挿入》
◆挿入する行にカーソルを移動→《表ツール》の《レイアウト》タブ→《行と列》グループの （上に行を挿入）／ 下に行を挿入 （下に行を挿入）
◆挿入する行を選択→ミニツールバーの（表の挿入）→《上に行を挿入》／《下に行を挿入》

POINT 表の一番上に行を挿入する

表の一番上の罫線の左側をポイントしても、⊕ は表示されません。1行目より上に行を挿入するには、《表ツール》の《レイアウト》タブ→《行と列》グループの （上に行を挿入）を使って挿入します。

STEP UP 列の挿入

列を挿入するには、挿入する列の罫線の上側をポイントし、⊕ をクリックします。

2 行の削除

表を作成したあとに行を削除できます。行を削除するには[Back Space]を使います。
「**欠席理由**」の行を削除しましょう。

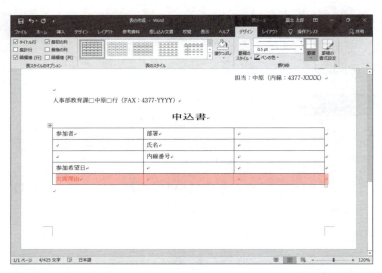

① 「**欠席理由**」の行を選択します。
※行の左側をクリックします。
② [Back Space]を押します。

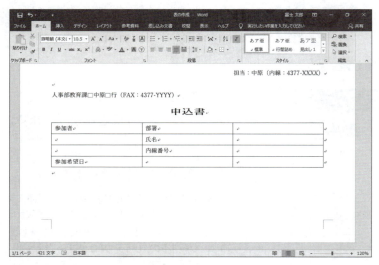

行が削除されます。

STEP UP その他の方法（行の削除）

◆削除する行にカーソルを移動→《表ツール》の《レイアウト》タブ→《行と列》グループの →《行の削除》

◆削除する行を右クリック→《行の削除》

◆削除する行にカーソルを移動し、右クリック→《表の行/列/セルの削除》→《⦿行全体を削除後、上に詰める》

◆削除する行を選択→ミニツールバーの →《行の削除》

POINT データの削除

[Delete]を押すと、選択した範囲に入力されているデータが削除されます。

STEP UP 列・表全体の削除

列や表全体を削除する方法は、次のとおりです。
◆削除する列・表全体を選択→[Back Space]

3　列幅の変更

列と列の間の罫線をドラッグしたりダブルクリックしたりして、列幅を変更できます。

1 ドラッグによる列幅の変更

列の右側の罫線をドラッグすると、列幅を自由に変更できます。
2列目の列幅を変更しましょう。

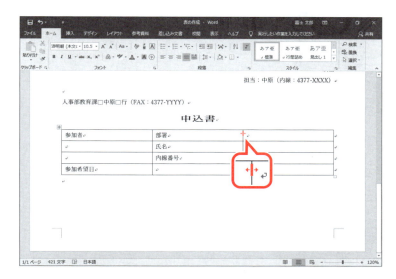

①2列目の右側の罫線をポイントします。
マウスポインターの形が ◄||► に変わります。

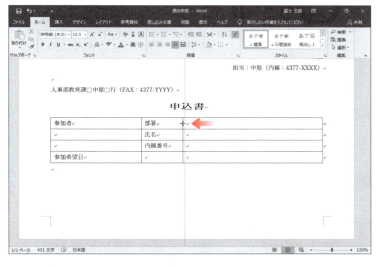

②図のようにドラッグします。
ドラッグ中、マウスポインターの動きに合わせて点線が表示されます。

列幅が変更されます。
※表全体の幅は変わりません。

116

2 ダブルクリックによる列幅の変更

列の右側の罫線をダブルクリックすると、列内で最長のデータに合わせて列幅を自動的に変更できます。
1列目の列幅を変更しましょう。

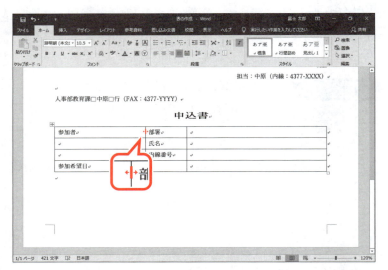

①1列目の右側の罫線をポイントします。
マウスポインターの形が ↔ に変わります。
②ダブルクリックします。

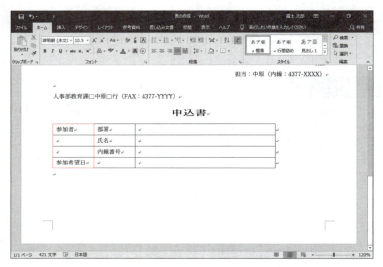

最長のデータに合わせて列幅が変更されます。
※表全体の幅も変わります。

> **POINT 表全体の列幅の変更**
>
> 表全体を選択して任意の列の罫線をダブルクリックすると、表内のすべての列幅を一括して変更できます。ただし、データの入力されている列だけが変更の対象となり、入力されていない列の幅は変更されないので、注意しましょう。

STEP UP 列の幅の設定

あらかじめ列幅が決まっている場合は、数値で列幅を指定して変更することもできます。
数値で列幅を指定して変更する方法は、次のとおりです。

◆列内にカーソルを移動→《表ツール》の《レイアウト》タブ→《セルのサイズ》グループの (列の幅の設定)を設定

4　行の高さの変更

行の下側の罫線をドラッグすると、行の高さを自由に変更できます。
「**参加希望日**」の行の高さを変更しましょう。

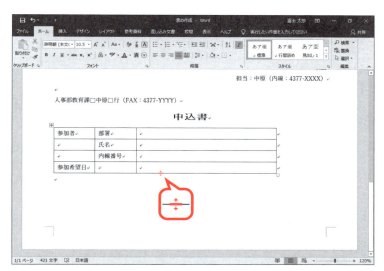

①「**参加希望日**」の行の下側の罫線をポイントします。
マウスポインターの形が⇕に変わります。

②図のようにドラッグします。
ドラッグ中、マウスポインターの動きに合わせて点線が表示されます。

行の高さが変更されます。

STEP UP 行の高さの設定

あらかじめ行の高さが決まっている場合は、数値で行の高さを指定して変更することもできます。
数値で行の高さを指定して変更する方法は、次のとおりです。
◆行内にカーソルを移動→《表ツール》の《レイアウト》タブ→《セルのサイズ》グループの（行の高さの設定）を設定

STEP UP 行の高さ・列幅を均等にする

複数の行の高さや列幅を均等に設定できます。
行の高さ・列幅を均等にする方法は、次のとおりです。
◆範囲を選択→《表ツール》の《レイアウト》タブ→《セルのサイズ》グループの（高さを揃える）または（幅を揃える）

5 表のサイズ変更

表全体のサイズを変更するには、□（表のサイズ変更ハンドル）をドラッグします。□（表のサイズ変更ハンドル）は表内をポイントすると表の右下に表示されます。
表のサイズを変更しましょう。

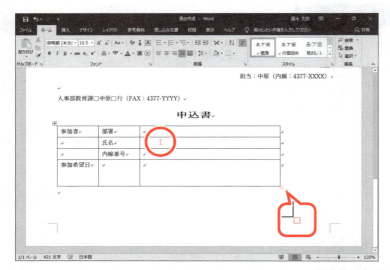

①表内をポイントします。
※表内であれば、どこでもかまいません。
表の右下に□（表のサイズ変更ハンドル）が表示されます。

②□（表のサイズ変更ハンドル）をポイントします。
マウスポインターの形が に変わります。

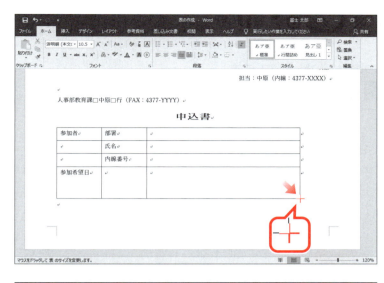

③図のようにドラッグします。
ドラッグ中、マウスポインターの形が＋に変わり、マウスポインターの動きに合わせてサイズが表示されます。

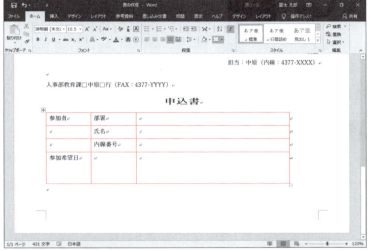

表のサイズが変更されます。

 行の高さと列幅

表のサイズを変更すると、行の高さと列幅が均等な比率で変更されます。

6 セルの結合

隣り合った複数のセルをひとつのセルに結合できます。
セルを結合するには セルの結合 （セルの結合）を使います。

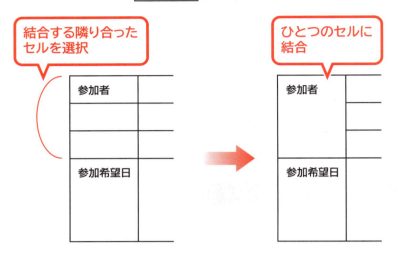

1～3行1列目、4行2～3列目を結合して、それぞれひとつのセルにしましょう。

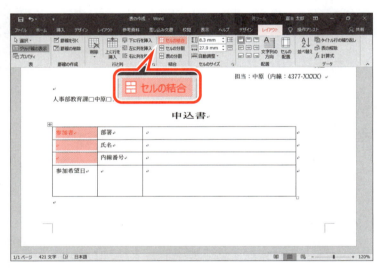

① 1～3行1列目のセルを選択します。
※1行1列目から3行1列目のセルをドラッグします。
②《表ツール》の《レイアウト》タブを選択します。
③《結合》グループの セルの結合 （セルの結合）をクリックします。

セルが結合されます。

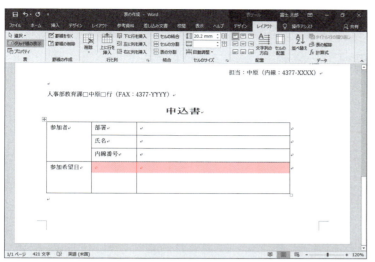

④4行2〜3列目を選択します。
※4行2列目から4行3列目のセルをドラッグします。
⑤ F4 を押します。

セルが結合されます。
⑥図のように文字を入力します。
※□は全角空白を表します。
※ ↵ で Enter を押して改行します。
※「※」は「こめ」と入力して変換します。
※「○」は「まる」と入力して変換します。

6/21（□□□□）□6/28（□□□□）□7/5（□□□□）↵
※参加可能日に、○を付けてください。↵

STEP UP その他の方法（セルの結合）

◆《表ツール》の《レイアウト》タブ→《罫線の作成》グループの [罫線の削除]（罫線の削除）→結合するセルの罫線をクリック

◆結合するセルを選択し、右クリック→《セルの結合》

7 セルの分割

セルを分割するには 田 セルの分割 （セルの分割）を使います。
ひとつまたは隣り合った複数のセルを指定した列数・行数に分割できます。

1行3列目のセルを3つに分割しましょう。

①1行3列目のセルにカーソルを移動します。
②《表ツール》の《レイアウト》タブを選択します。
③《結合》グループの 田 セルの分割 （セルの分割）をクリックします。

《セルの分割》ダイアログボックスが表示されます。
④《列数》を「3」に設定します。
⑤《行数》を「1」に設定します。
⑥《OK》をクリックします。

セルが分割されます。
⑦図のように文字を入力します。

> **STEP UP** その他の方法（セルの分割）
>
> ◆《表ツール》の《レイアウト》タブ→《罫線の作成》グループの 罫線を引く （罫線を引く）→分割するセル内をドラッグして縦線または横線を引く
>
> ◆分割するセル内を右クリック→《セルの分割》

Step5 表に書式を設定する

1 セル内の文字の配置の変更

セル内の文字は、水平方向の位置や垂直方向の位置を調整できます。
《表ツール》の《レイアウト》タブの《配置》グループにある各ボタンを使って設定します。

文字の配置は次のようになります。

❶両端揃え(上)
氏名

❷上揃え(中央)
氏名

❸上揃え(右)
氏名

❹両端揃え(中央)
氏名

❺中央揃え
氏名

❻中央揃え(右)
氏名

❼両端揃え(下)
氏名

❽下揃え(中央)
氏名

❾下揃え(右)
氏名

1 中央揃え

1列目を「**中央揃え**」に設定しましょう。

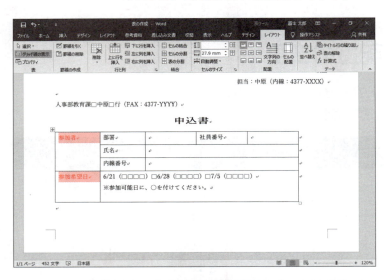

①1列目を選択します。
※列の上側をクリックします。

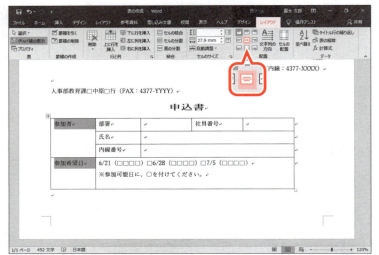

②《**表ツール**》の《**レイアウト**》タブを選択します。
③《**配置**》グループの □（中央揃え）をクリックします。

中央揃えになります。
※ボタンが濃い灰色になります。
※選択を解除しておきましょう。

2 両端揃え（中央）

2列目と4列目を「**両端揃え（中央）**」に設定しましょう。

① 2列目を選択します。
※列の上側をクリックします。
②《**表ツール**》の《**レイアウト**》タブを選択します。
③《**配置**》グループの ▤ （両端揃え（中央））をクリックします。

両端揃え（中央）になります。
※ボタンが濃い灰色になります。
④ 4列目の「**社員番号**」のセルにカーソルを移動します。
⑤ [F4] を押します。

両端揃え（中央）になります。
※選択を解除しておきましょう。

126

2 セル内の均等割り付け

《ホーム》タブの ▦ （均等割り付け）を使うと、セルの幅に合わせて文字が均等に配置できます。
2列目と4列目の項目名をセル内で均等に割り付けましょう。

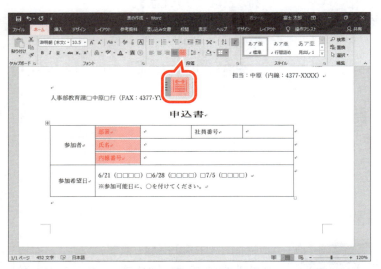

①2列目の「**部署**」から「**内線番号**」のセルを選択します。
※「部署」から「内線番号」のセルをドラッグします。
②《**ホーム**》タブを選択します。
③《**段落**》グループの ▦ （均等割り付け）をクリックします。

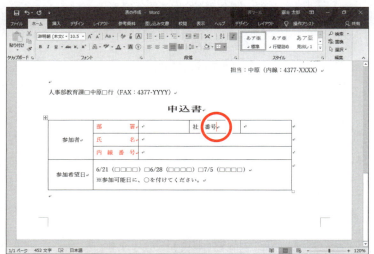

文字がセル内で均等に割り付けられます。
※ボタンが濃い灰色になります。
④4列目の「**社員番号**」のセルにカーソルを移動します。
⑤ F4 を押します。

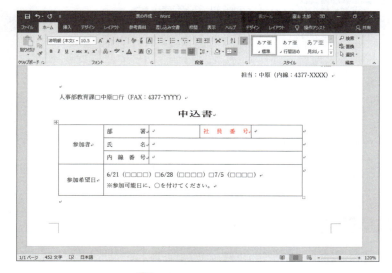

文字が均等に割り付けられます。

STEP UP その他の方法
（セル内の均等割り付け）
◆ Ctrl + Shift + J

POINT 均等割り付けの解除
セル内の均等割り付けを解除するには、解除するセルを選択して、▦ （均等割り付け）を再度クリックします。

第4章 表の作成

3　表の配置の変更

セル内の文字の配置を変更するには、《表ツール》の《レイアウト》タブにある《配置》グループから操作しますが、表全体の配置を変更するには、《ホーム》タブの《段落》グループから操作します。
表全体を行の中央に配置しましょう。

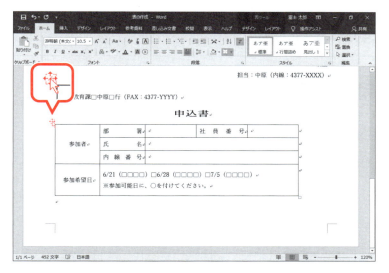

表全体を選択します。
①表内をポイントし、<kbd>⊕</kbd>（表の移動ハンドル）をクリックします。

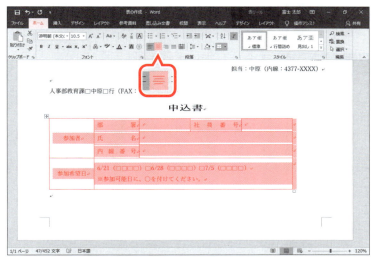

表全体が選択されます。
②《ホーム》タブを選択します。
③《段落》グループの <kbd>≡</kbd>（中央揃え）をクリックします。

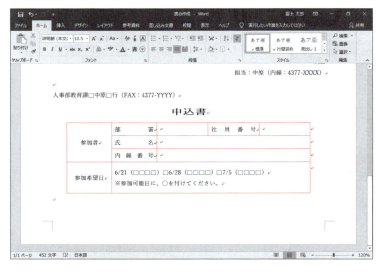

表全体が中央揃えになります。
※ボタンが濃い灰色になります。
※選択を解除しておきましょう。

STEP UP　その他の方法（表の配置の変更）

◆表内にカーソルを移動→《表ツール》の《レイアウト》タブ→《表》グループの <kbd>プロパティ</kbd>（表のプロパティ）→《表》タブ→《配置》の《中央揃え》

4 罫線の変更

罫線の種類や太さ、色を変更するには、《表》ツールの《デザイン》タブにある《飾り枠》グループから操作します。
次のように表の外枠の罫線を変更しましょう。

```
罫線の種類　：━━━━━
罫線の太さ　：1.5pt
罫線の色　　：青、アクセント5、黒+基本色25%
```

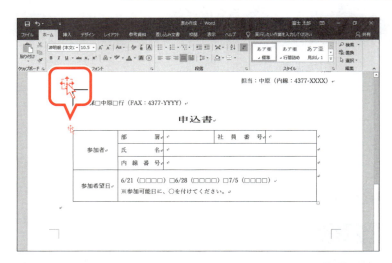

表全体を選択します。
①表内をポイントし、⊕（表の移動ハンドル）をクリックします。

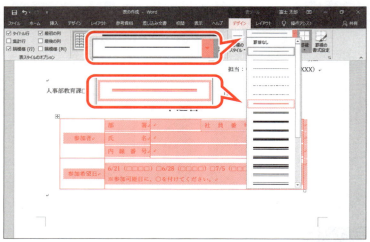

表全体が選択されます。
②《表ツール》の《デザイン》タブを選択します。
③《飾り枠》グループの ━━━━━ （ペンのスタイル）の ▼ をクリックします。
④《━━━━━》をクリックします。

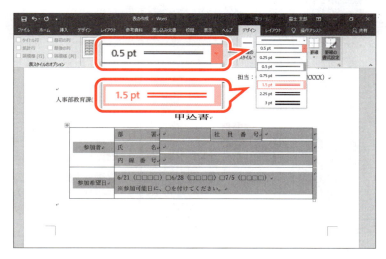

⑤《飾り枠》グループの 0.5 pt ━━━ （ペンの太さ）の ▼ をクリックします。
⑥《1.5pt》をクリックします。

⑦《飾り枠》グループの ペンの色▼ (ペンの色)をクリックします。

⑧《テーマの色》の《青、アクセント5、黒+基本色25%》をクリックします。

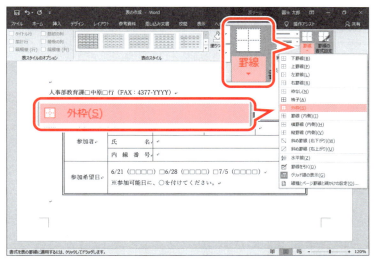

⑨《飾り枠》グループの (罫線)の 罫線 をクリックします。

⑩《外枠》をクリックします。

※一覧をポイントすると、設定後のイメージを画面で確認できます。

※ボタンの絵柄が (外枠)に変わります。

罫線の種類と太さ、色が変更されます。
※選択を解除しておきましょう。

Let's Try ためしてみよう

次のように内側の罫線を変更しましょう。

```
罫線の種類 ：──────
罫線の太さ ：1pt
罫線の色   ：青、アクセント5
```

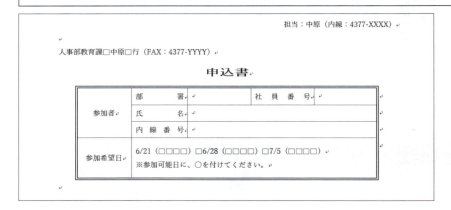

Let's Try Answer

①表全体を選択
②《表ツール》の《デザイン》タブを選択
③《飾り枠》グループの [──────] (ペンのスタイル) の [▼] をクリック
④《──────》をクリック
⑤《飾り枠》グループの [0.5pt] (ペンの太さ) の [▼] をクリック
⑥《1pt》をクリック
⑦《飾り枠》グループの [ペンの色▼] (ペンの色) をクリック
⑧《テーマの色》の《青、アクセント5》(左から9番目、上から1番目) をクリック
⑨《飾り枠》グループの [罫線] (罫線) の [▼] をクリック
⑩《罫線(内側)》をクリック

5　セルの塗りつぶしの設定

表内のセルに色を塗るには [塗りつぶし] (塗りつぶし) を使います。
1列目のセルに「**青、アクセント5、白+基本色60%**」の塗りつぶしを設定しましょう。
※設定する項目名が一覧にない場合は、任意の項目を選択してください。

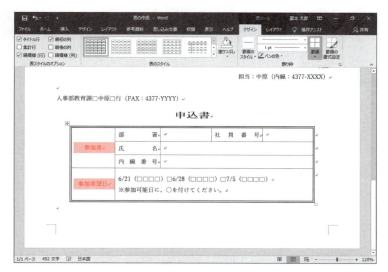

①1列目を選択します。
※列の上側をクリックします。

②《表ツール》の《デザイン》タブを選択します。

③《表のスタイル》グループの (塗りつぶし) の をクリックします。

④《テーマの色》の《青、アクセント5、白+基本色60%》をクリックします。

※一覧をポイントすると、設定後のイメージを画面で確認できます。

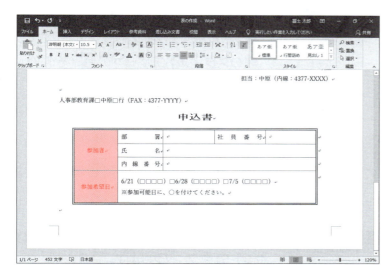

1列目に塗りつぶしが設定されます。
※選択を解除しておきましょう。

Let's Try ためしてみよう

2列目と4列目の項目名のセルに「青、アクセント5、白+基本色80%」の塗りつぶしを設定しましょう。
※設定する項目名が一覧にない場合は、任意の項目を選択してください。

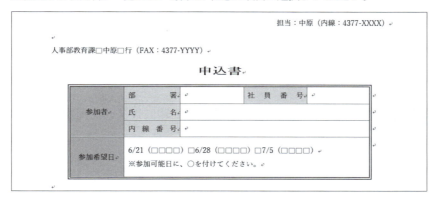

① 2列目の「部署」から「内線番号」のセルを選択
②《表ツール》の《デザイン》タブを選択
③《表のスタイル》グループの (塗りつぶし) の をクリック
④《テーマの色》の《青、アクセント5、白+基本色80%》(左から9番目、上から2番目) をクリック
⑤ 4列目の「社員番号」のセルにカーソルを移動
⑥ F4 を押す

Step6 表にスタイルを適用する

1 表のスタイルの適用

「表のスタイル」とは、罫線や塗りつぶしの色など表全体の書式を組み合わせたものです。たくさんの種類が用意されており、一覧から選択するだけで簡単に表の見栄えを整えることができます。初期の設定では、スタイル「**表(格子)**」が適用されています。
「**日時・場所**」の表に、スタイル「**グリッド(表)4-アクセント5**」を適用しましょう。
※設定する項目名が一覧にない場合は、任意の項目を選択してください。

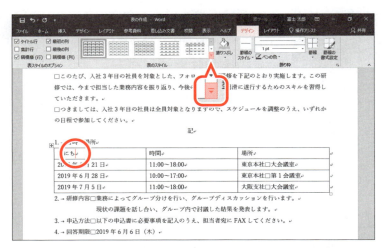

①表内にカーソルを移動します。
※表内であれば、どこでもかまいません。
②《**表ツール**》の《**デザイン**》タブを選択します。
③《**表のスタイル**》グループの ▼ (その他)をクリックします。

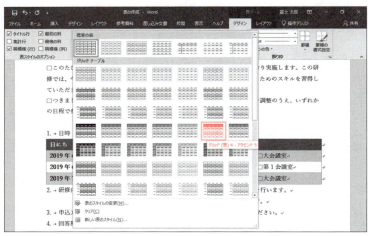

④《**グリッドテーブル**》の《**グリッド(表)4-アクセント5**》をクリックします。
※一覧をポイントすると、設定後のイメージを画面で確認できます。

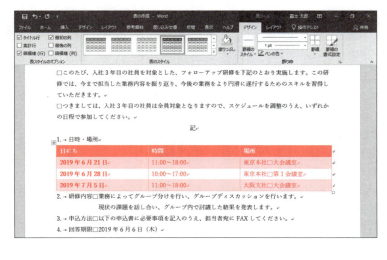

表にスタイルが適用されます。

2　表スタイルのオプションの設定

「**表スタイルのオプション**」を使うと、タイトル行を強調したり、最初の列や最後の列を強調したり、縞模様で表示したりなど、表の体裁を変更できます。

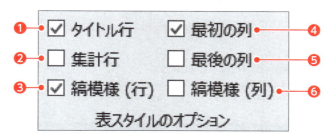

❶**タイトル行**
☑にすると、表の最初の行が強調されます。

❷**集計行**
☑にすると、表の最後の行が強調されます。

❸**縞模様（行）**
☑にすると、行方向の縞模様が設定されます。

❹**最初の列**
☑にすると、表の最初の列が強調されます。

❺**最後の列**
☑にすると、表の最後の列が強調されます。

❻**縞模様（列）**
☑にすると、列方向の縞模様が設定されます。

表スタイルのオプションを使って、1列目の強調を解除しましょう。

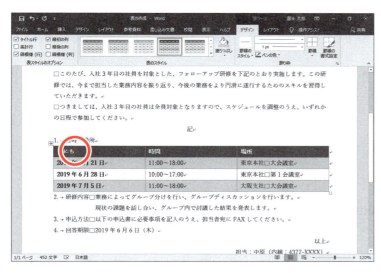

①表内にカーソルがあることを確認します。

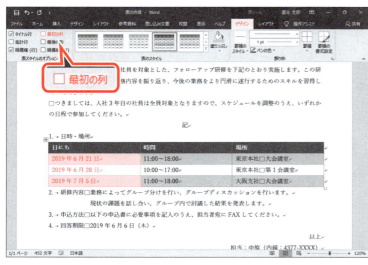

②《**表ツール**》の《**デザイン**》タブを選択します。
③《**表スタイルのオプション**》グループの《**最初の列**》を☐にします。
1列目のスタイルが変更されます。

134

POINT 表のスタイルの解除

表のスタイルを解除するには、初期の設定のスタイル「表(格子)」を適用します。

Let's Try ためしてみよう

次のように「日時・場所」の表を編集しましょう。

①すべての列幅をセル内の最長のデータに合わせて、自動調整しましょう。
②次のように1行目の項目名の書式を設定しましょう。

```
セル内の文字の配置：上揃え(中央)
太字           ：解除
```

③表全体を行の中央に配置しましょう。

Let's Try Answer

①
①表全体を選択
②任意の列の右側の罫線をダブルクリック

②
①1行目を選択
②《表ツール》の《レイアウト》タブを選択
③《配置》グループの ▭ (上揃え(中央))をクリック
④《ホーム》タブを選択
⑤《フォント》グループの B (太字)をクリックして解除

③
①表全体を選択
②《ホーム》タブを選択
③《段落》グループの ▭ (中央揃え)をクリック

Step7 段落罫線を設定する

1 段落罫線の設定

罫線を使うと、表だけでなく、水平方向の直線などを引くこともできます。
水平方向の直線は、段落に対して引くので「**段落罫線**」といいます。段落罫線を引くには、《ホーム》タブの ▦▾（罫線）を使います。
次のように「人事部教育課　中原　行…」の上の行に段落罫線を引きましょう。

| 罫線の種類　　　：------------- |
| 罫線を引く位置：段落の下 |

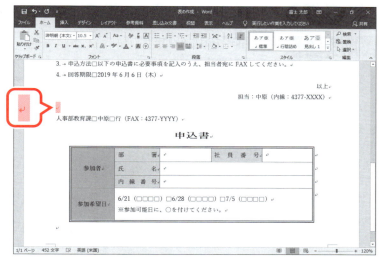

① 「人事部教育課　中原　行…」の上の行を選択します。
段落記号が選択されます。

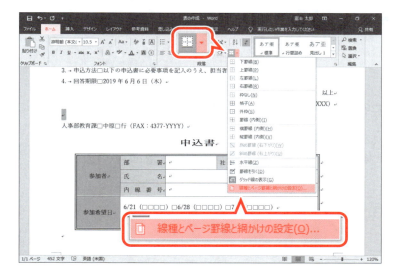

②《ホーム》タブを選択します。
③《段落》グループの ▦▾（罫線）の ▾ をクリックします。
④《線種とページ罫線と網かけの設定》をクリックします。

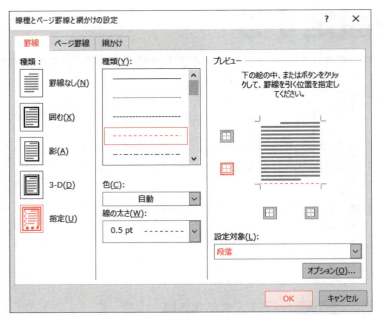

《線種とページ罫線と網かけの設定》ダイアログボックスが表示されます。

⑤《罫線》タブを選択します。
⑥《設定対象》が《段落》になっていることを確認します。
⑦左側の《種類》の《指定》をクリックします。
⑧中央の《種類》の《- - - - - - - - - - - - - -》をクリックします。
⑨《プレビュー》の をクリックします。
※ がオン（色が付いている状態）になり、《プレビュー》の絵の下側に罫線が表示されます。
⑩《OK》をクリックします。

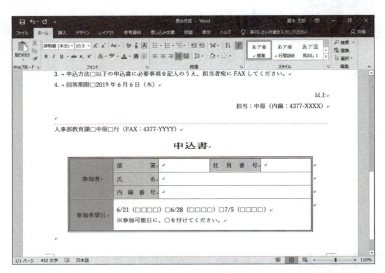

段落罫線が引かれます。
※選択を解除しておきましょう。
※文書に「表の作成完成」と名前を付けて、フォルダー「第4章」に保存し、閉じておきましょう。

STEP UP 水平線の挿入

「水平線」を使うと、灰色の実線を挿入できます。文書の区切り位置をすばやく挿入したいときに使うと便利です。
水平線の挿入方法は、次のとおりです。

◆挿入位置にカーソルを移動→《ホーム》タブ→《段落》グループの （罫線）の →《水平線》

練習問題

解答 ▶ 別冊P.2

完成図のような文書を作成しましょう。
※設定する項目名が一覧にない場合は、任意の項目を選択してください。

フォルダー「第4章」の文書「第4章練習問題」を開いておきましょう。

●完成図

2019年9月2日

社員　各位

商品開発部

新商品の名称募集について

このたび、1月発売予定の新商品の名称を下記のとおり社内募集いたします。
採用された方には、記念品を検討しておりますので、奮ってご応募ください。

記

1. 商品概要：

特長	・ソフトバゲットをベースにドライフルーツを加えた食事用パン ・そのまま食べるとモチッと、トーストするとサクッと軽い食感
生地重量	350グラム（食べきりサイズ）
予定価格	350円（税込）

2. 応募方法：応募用紙に必要事項を記入し、応募箱に投函してください。
　　　　　　※応募箱は、総務部受付に設置しています。
3. 締め切り：2019年9月30日（月）

以上

担当：町井（内線：2551）

＜応募用紙＞

部　　　署	
氏　　　名	
メールアドレス	
新商品の名称	
理　　　由	

138

① 「商品概要」の表の「特長」の行の下に1行挿入しましょう。
また、挿入した行の1列目に「生地重量」、2列目に「350グラム(食べきりサイズ)」と入力しましょう。

② 「商品概要」の表にスタイル「グリッド(表)5濃色-アクセント6」を適用しましょう。
また、1行目の強調と行方向の縞模様を解除しましょう。

③ 「商品概要」の表全体を行の中央に配置しましょう。

④ 完成図を参考に、「担当：町井(内線：2551)」の下の行に段落罫線を引きましょう。

⑤ 文末に5行2列の表を作成しましょう。
また、次のように表に文字を入力しましょう。

部署	
氏名	
メールアドレス	
新商品の名称	
理由	

⑥ 完成図を参考に、「＜応募用紙＞」の表の1列目の列幅を変更しましょう。

⑦ 完成図を参考に、「＜応募用紙＞」の表の「理由」の行の高さを変更しましょう。

⑧ 「＜応募用紙＞」の表の1列目に「緑、アクセント6、白＋基本色60％」の塗りつぶしを設定しましょう。

⑨ 次のように「＜応募用紙＞」の表の罫線を変更しましょう。

```
罫線の種類 ：──────
罫線の太さ ：1.5pt
罫線の色   ：緑、アクセント6、黒＋基本色25％
```

⑩ 「＜応募用紙＞」の表の1列目の文字をセル内で均等に割り付けましょう。

※文書に「第4章練習問題完成」と名前を付けて、フォルダー「第4章」に保存し、閉じておきましょう。

第5章

文書の編集

Check	この章で学ぶこと	141
Step1	作成する文書を確認する	142
Step2	いろいろな書式を設定する	143
Step3	段組みを設定する	162
Step4	ページ番号を追加する	166
練習問題		168

第5章 この章で学ぶこと

学習前に習得すべきポイントを理解しておき、学習後には確実に習得できたかどうかを振り返りましょう。

1	指定した文字数の幅に合わせて文字を均等に割り付けることができる。	➡ P.143
2	「○」や「△」などの記号で文字を囲むことができる。	➡ P.144
3	文字の上にふりがなを振ることができる。	➡ P.146
4	影、光彩、反射などの視覚効果を設定して、文字を強調できる。	➡ P.148
5	文字や段落に設定されている書式を別の場所にコピーできる。	➡ P.150
6	文書内で部分的に行間を変更できる。	➡ P.152
7	行内の特定の位置で文字をそろえることができる。	➡ P.153
8	段落の先頭の文字を大きくして段落の開始位置を強調できる。	➡ P.160
9	長い文章を読みやすいように複数の段に分けて配置できる。	➡ P.162
10	任意の位置からページを改めることができる。	➡ P.165
11	すべてのページに連続したページ番号を追加できる。	➡ P.166

Step1 作成する文書を確認する

1 作成する文書の確認

次のような文書を作成しましょう。

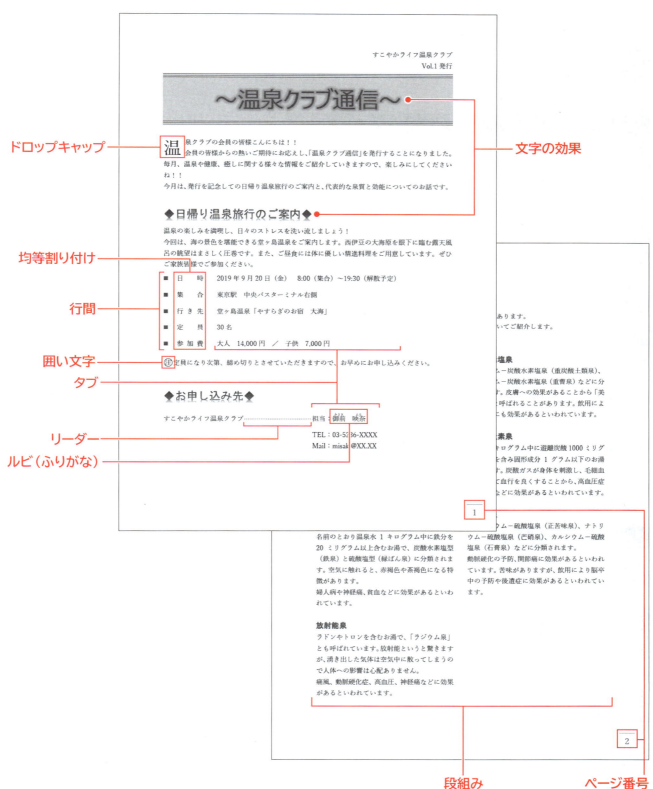

Step 2 いろいろな書式を設定する

1 文字の均等割り付け

文章中の文字に対して「**均等割り付け**」を使うと、指定した文字数の幅に合わせて文字が均等に配置されます。文字数は、入力した文字数よりも狭い幅に設定することもできます。
1ページ目の箇条書きの項目名を4文字分の幅に均等に割り付けましょう。

 フォルダー「第5章」の文書「文書の編集」を開いておきましょう。

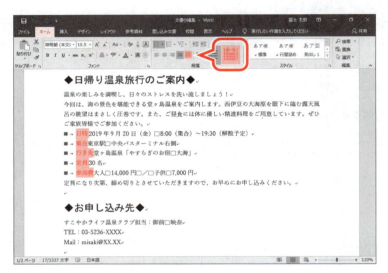

均等に割り付ける文字を選択します。
① 「**日時**」を選択します。
② [Ctrl]を押しながら「**集合**」「**行き先**」「**定員**」「**参加費**」を選択します。
③ 《**ホーム**》タブを選択します。
④ 《**段落**》グループの ▤ （均等割り付け）をクリックします。

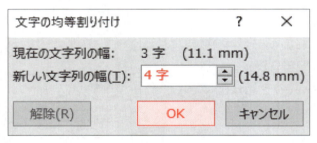

《**文字の均等割り付け**》ダイアログボックスが表示されます。
⑤ 《**新しい文字列の幅**》を「**4字**」に設定します。
⑥ 《**OK**》をクリックします。

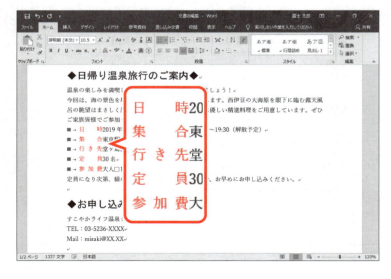

文字が4文字分の幅に均等に割り付けられます。

> **STEP UP** その他の方法
> （文字の均等割り付け）
>
> ◆ 文字を選択→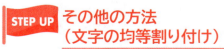

> **POINT 複数箇所の均等割り付け**
>
> 複数箇所に均等割り付けを設定するときは、あらかじめ複数の範囲を選択してから均等割り付けを実行すると、一度に設定できます。
> 表のセル内の均等割り付けとは異なり、文章中の文字の均等割り付けでは、F4で直前に実行したコマンドを繰り返すことができません。

> **POINT 均等割り付けの解除**
>
> 設定した均等割り付けを解除する方法は、次のとおりです。
> ◆文字を選択→《ホーム》タブ→《段落》グループの■ (均等割り付け) →《解除》

2 囲い文字

「囲い文字」を使うと、「㊞」「㊙」などのように、全角1文字または半角2文字分の文字を「○」や「△」などの記号で囲むことができます。
「定員になり次第…」の前に「㊟」を挿入しましょう。

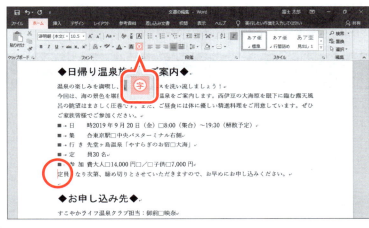

囲い文字を挿入する位置を指定します。
①「定員になり次第…」の前にカーソルを移動します。
②《ホーム》タブを選択します。
③《フォント》グループの■ (囲い文字) をクリックします。

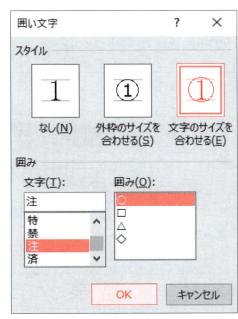

《囲い文字》ダイアログボックスが表示されます。
④《スタイル》の《文字のサイズを合わせる》をクリックします。
⑤《文字》の一覧から《注》を選択します。
※一覧に表示されていない場合は、スクロールして調整します。
※一覧にない文字を入力することもできます。
⑥《囲み》の一覧から《○》を選択します。
⑦《OK》をクリックします。

囲い文字が挿入されます。

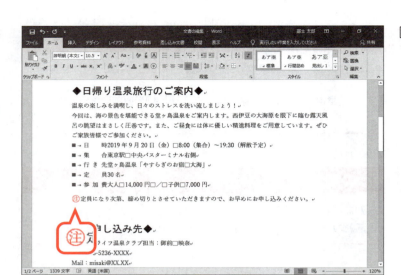

POINT 入力済みの文字を囲い文字にする

入力済みの文字を囲い文字にする場合は、あらかじめ文字を選択してから ㊗ （囲い文字）をクリックします。

STEP UP その他の文字装飾

《ホーム》タブで設定できる文字の装飾には、次のようなものがあります。

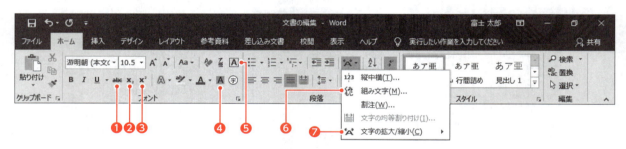

種類	説明	例
❶取り消し線	選択した文字の中央を横切る横線を引きます。	¥5,000
❷下付き	文字を4分の1のサイズに小さくし、行の下側に合わせて配置します。	CO_2
❸上付き	文字を4分の1のサイズに小さくし、行の上側に合わせて配置します。	5^2
❹文字の網かけ	文字に灰色の網かけを設定します。	温泉クラブ
❺囲み線	文字を枠で囲みます。	温泉クラブ
❻組み文字	6文字以内の文字を1文字分のサイズに組み込んで表示します。	温泉クラブ
❼文字の拡大/縮小	文字の横幅を拡大したり縮小したりします。	温泉クラブ

STEP UP 《フォント》ダイアログボックスを使った書式設定

《フォント》ダイアログボックスでは、フォントやフォントサイズ、太字、斜体、下線、文字飾りなど、文字に関する書式を一度に設定できます。
また、リボンで表示されていない文字飾りなどの書式を設定することもできます。
《フォント》ダイアログボックスを表示する方法は、次のとおりです。

◆《ホーム》タブ→《フォント》グループの （フォント）

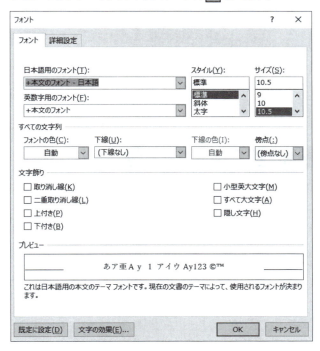

3 ルビ（ふりがな）

「ルビ」を使うと、難しい読みの名前や地名などにルビを付けられます。
「御前　映奈」に「みさき　えな」とルビを付けましょう。また、ルビは姓と名のそれぞれの文字の中央に配置されるように設定しましょう。

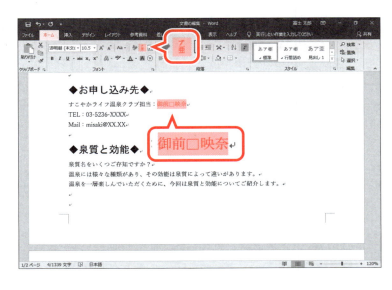

ルビを付ける文字を選択します。
①「御前　映奈」を選択します。
②《ホーム》タブを選択します。
③《フォント》グループの （ルビ）をクリックします。

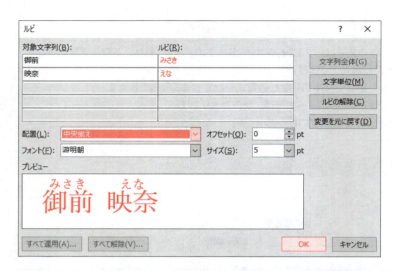

《ルビ》ダイアログボックスが表示されます。

④「御前」の《ルビ》を「みさき」に修正します。

⑤「映奈」の《ルビ》を「えな」に修正します。

⑥《配置》の をクリックし、一覧から《中央揃え》を選択します。

⑦設定した内容を《プレビュー》で確認します。

⑧《OK》をクリックします。

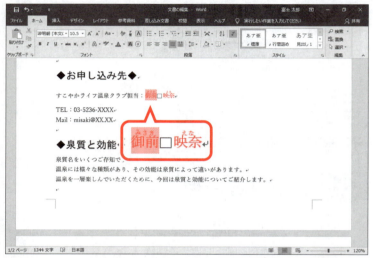

ルビが付けられます。

> **STEP UP** その他の方法（ルビの設定）
>
> ◆文字を選択→ミニツールバーの （ルビ）

> **POINT** ルビの解除
>
> 設定したルビを解除する方法は、次のとおりです。
> ◆文字を選択→《ホーム》タブ→《フォント》グループの （ルビ）→《ルビの解除》

4 文字の効果

「**文字の効果と体裁**」を使うと、影、光彩、反射などの視覚効果を設定して、文字を強調できます。
複数の効果を組み合わせたデザインが用意されており、選択するだけで簡単に文字を際立たせることができます。

1 文字の効果の設定

「**◆日帰り温泉旅行のご案内◆**」に文字の効果「**塗りつぶし（グラデーション）：青、アクセントカラー5；反射**」を設定しましょう。
※設定する項目名が一覧にない場合は、任意の項目を選択してください。

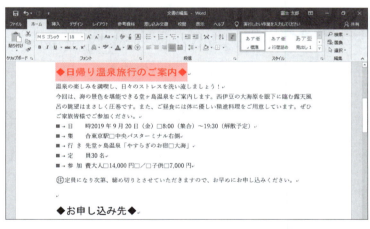

文字の効果を設定する文字を選択します。
①「**◆日帰り温泉旅行のご案内◆**」を選択します。

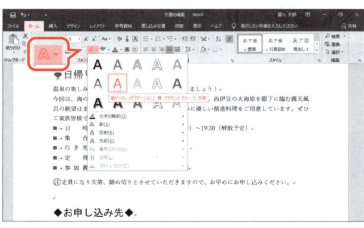

②《**ホーム**》タブを選択します。
③《**フォント**》グループの (文字の効果と体裁)をクリックします。
④《**塗りつぶし（グラデーション）：青、アクセントカラー5；反射**》をクリックします。
※一覧をポイントすると、設定後のイメージを画面で確認できます。

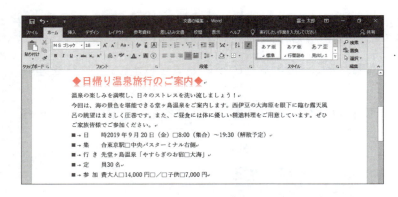

文字の効果が設定されます。
※選択を解除しておきましょう。

2 文字の効果の編集

文字の輪郭や影、光彩、反射などの効果を個別に設定できます。
タイトル「〜温泉クラブ通信〜」に光彩「**光彩：8pt；青、アクセントカラー1**」を設定しましょう。
※設定する項目名が一覧にない場合は、任意の項目を選択してください。

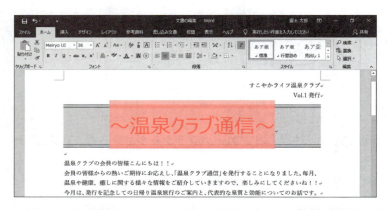

光彩を設定する文字を選択します。
①タイトル「**〜温泉クラブ通信〜**」を選択します。

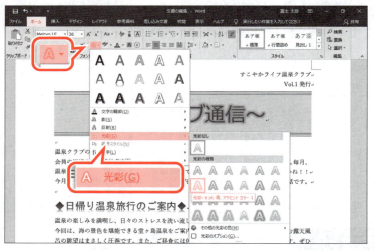

②《**ホーム**》タブを選択します。
③《**フォント**》グループの (文字の効果と体裁)をクリックします。
④《**光彩**》をポイントします。
⑤《**光彩の種類**》の《**光彩：8pt；青、アクセントカラー1**》をクリックします。
※一覧をポイントすると、設定後のイメージを画面で確認できます。

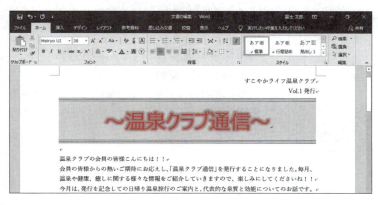

光彩が設定されます。
※選択を解除しておきましょう。

5　書式のコピー/貼り付け

（書式のコピー/貼り付け）を使うと、文字や段落に設定されている書式を別の場所にコピーできます。同じ書式を複数の文字に設定するときに便利です。
「◆日帰り温泉旅行のご案内◆」に設定した書式を、「◆お申し込み先◆」にコピーしましょう。

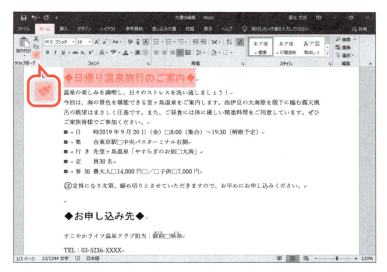

書式のコピー元の文字を選択します。
①「◆日帰り温泉旅行のご案内◆」を選択します。
②《ホーム》タブを選択します。
③《クリップボード》グループの （書式のコピー/貼り付け）をクリックします。

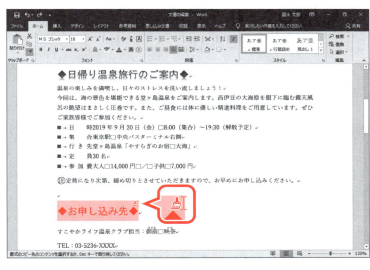

マウスポインターの形が変わります。
書式の貼り付け先を指定します。
④「◆お申し込み先◆」をドラッグします。

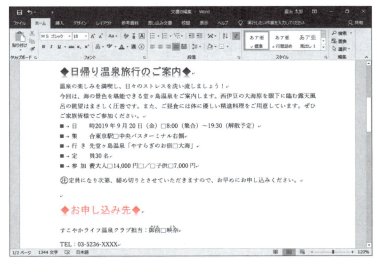

書式がコピーされます。
※選択を解除しておきましょう。

STEP UP その他の方法（書式のコピー/貼り付け）

◆コピー元を選択→ミニツールバーの ■ （書式のコピー/貼り付け）→コピー先を選択

POINT 連続した書式のコピー/貼り付け

■ （書式のコピー/貼り付け）をダブルクリックすると、複数の範囲に連続して書式をコピーすることができます。ダブルクリックしたあと、コピー先の範囲を選択するごとに書式がコピーされます。
書式をコピーできる状態を解除するには、再度 ■ （書式のコピー/貼り付け）をクリックするか、[Esc]を押します。

Let's Try ためしてみよう

① 「◆日帰り温泉旅行のご案内◆」に設定した書式を「◆泉質と効能◆」にコピーしましょう。
② 2ページ目の「単純温泉」の文字に次の書式を設定しましょう。

フォント	：MSゴシック
フォントサイズ	：12ポイント
文字の輪郭	：青、アクセント1

※設定する項目名が一覧にない場合は、任意の項目を選択してください。
③ ②で設定した書式をすべての泉質名にコピーしましょう。

Let's Try Answer

①

①「◆日帰り温泉旅行のご案内◆」を選択
②《ホーム》タブを選択
③《クリップボード》グループの ■ （書式のコピー/貼り付け）をクリック
④「◆泉質と効能◆」をドラッグ

②

①「単純温泉」を選択
②《ホーム》タブを選択
③《フォント》グループの [游明朝 (本文)] （フォント）の ▼ をクリックし、一覧から《MSゴシック》を選択
④《フォント》グループの [10.5] （フォントサイズ）の ▼ をクリックし、一覧から《12》を選択
⑤《フォント》グループの [A] （文字の効果と体裁）をクリック
⑥《文字の輪郭》をポイント
⑦《テーマの色》の《青、アクセント1》（左から5番目、上から1番目）をクリック

③

①「単純温泉」を選択
②《ホーム》タブを選択
③《クリップボード》グループの ■ （書式のコピー/貼り付け）をダブルクリック
④ すべての泉質名をドラッグして書式をコピー
⑤ [Esc] を押す

6 行間

行の下側から次の行の下側までの間隔を「**行間**」といいます。文書内の段落や箇条書きの行間を部分的に変更すると、文書の文字のバランスを調整できます。
箇条書きの段落の行間を現在の1.5倍に変更しましょう。

行間を変更する範囲を選択します。
①「**日時…**」で始まる行から「**参加費…**」で始まる行を選択します。
※行の左側をドラッグします。

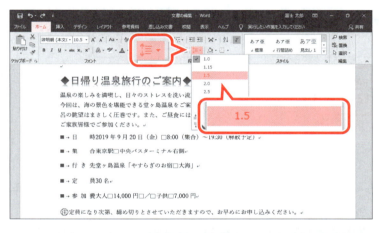

②《**ホーム**》タブを選択します。
③《**段落**》グループの (行と段落の間隔)をクリックします。
④《**1.5**》をクリックします。
※一覧をポイントすると、設定後のイメージを画面で確認できます。

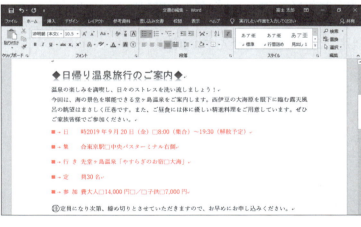

行間が変更されます。
※選択を解除しておきましょう。

👆 POINT 段落の前後の間隔を変更する

段落内の行間だけでなく段落の前後の間隔を設定できます。
段落の前後の間隔を変更する方法は、次のとおりです。

◆段落内にカーソルを移動→《レイアウト》タブ→《段落》グループの (前の間隔)／ (後の間隔)を設定

152

7 タブとリーダー

「**タブ**」を使うと、行内の特定の位置で文字をそろえることができます。文字をそろえるための基準となる位置を「**タブ位置**」といいます。そろえる文字の前にカーソルを移動してTabを押すと、→（タブ）が挿入され、文字をタブ位置にそろえることができます。
タブ位置には、次のような種類があります。

● 既定のタブ位置

既定のタブ位置は、初期の設定では左インデントから4文字間隔に設定されています。既定のタブ位置にそろえる文字の前にカーソルを移動してTabを押すと、4文字間隔で文字をそろえることができます。

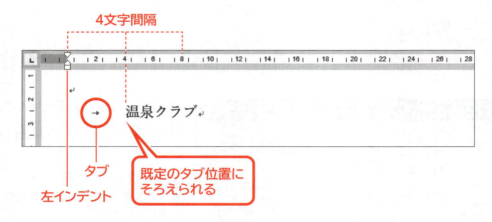

● 任意のタブ位置

任意のタブ位置は水平ルーラーをクリックして設定します。タブ位置を設定すると、水平ルーラーに L （タブマーカー）が表示されます。
あらかじめ、タブの種類と位置を設定しておき、任意のタブ位置にそろえる文字の前にカーソルを移動してTabを押すと、タブマーカーのある位置に文字をそろえることができます。任意のタブ位置は、既定のタブ位置より優先されます。

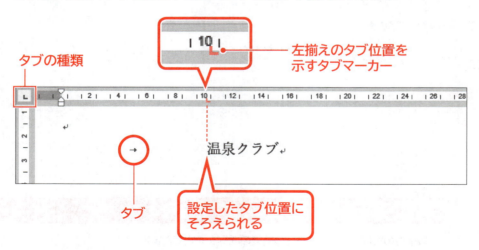

1 ルーラーの表示

タブマーカーを使用してタブ位置を設定するには、水平ルーラーを使います。
ルーラーを表示しましょう。

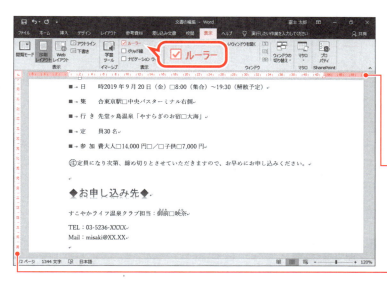

①《表示》タブを選択します。
②《表示》グループの《ルーラー》を☑にします。

水平ルーラーと垂直ルーラーが表示されます。
※お使いの環境によって、ルーラーの目盛間隔は異なります。

― 水平ルーラー

― 垂直ルーラー

2 既定のタブ位置にそろえる

箇条書きの項目名の後ろにタブを挿入して、既定のタブ位置にそろえましょう。

タブを挿入する位置を指定します。
①「日時」の後ろにカーソルを移動します。

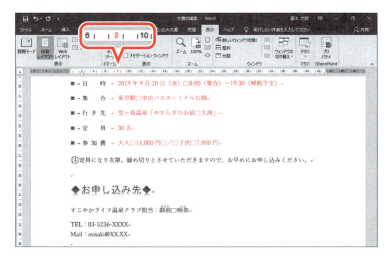

②⦅Tab⦆を押します。

→（タブ）が挿入され、既定のタブ位置（8字の位置）に文字がそろえられます。

③同様に、「**集合**」「**行き先**」「**定員**」「**参加費**」の後ろにタブを挿入します。

POINT タブの削除

➡（タブ）は、文字と同様に削除できます。
挿入した ➡ を削除する方法は、次のとおりです。
◆ ➡ の前にカーソルを移動→ Delete
◆ ➡ の後ろにカーソルを移動→ Back Space

3 任意のタブ位置にそろえる

次の文字を約22字の位置にそろえましょう。

```
担当 ：御前　映奈
TEL ：03-5236-XXXX
Mail：misaki@XX.XX
```

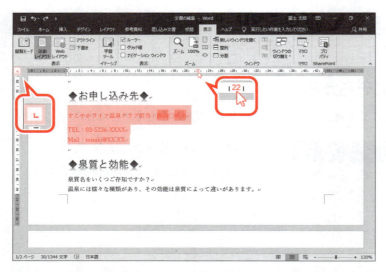

タブ位置を設定する段落を指定します。
①「**すこやかライフ…**」で始まる行から「**Mail…**」で始まる行を選択します。
※行の左側をドラッグします。
②水平ルーラーの左端のタブの種類が ⌊ （左揃えタブ）になっていることを確認します。
※⌊（左揃えタブ）になっていない場合は、何回かクリックします。
タブ位置を設定します。
③水平ルーラーの約22字の位置をクリックします。

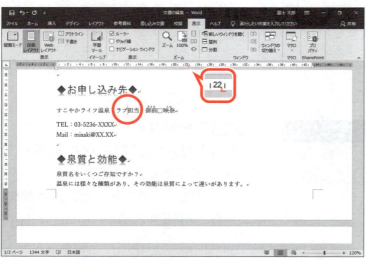

水平ルーラーのクリックした位置に ⌊ （タブマーカー）が表示されます。
「**担当：御前　映奈**」を設定したタブ位置にそろえます。
④「**すこやかライフ温泉クラブ**」の後ろにカーソルを移動します。

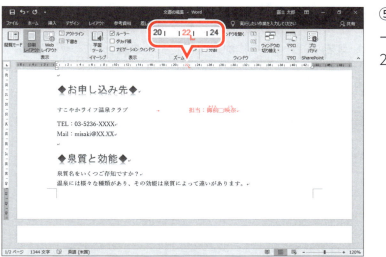

⑤ Tab を押します。

→（タブ）が挿入され、左インデントから約22字の位置に文字がそろえられます。

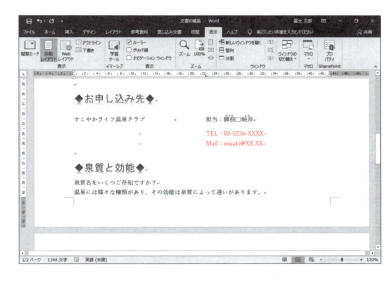

⑥ 同様に、「TEL：03-5236-XXXX」「Mail：misaki@XX.XX」の行の先頭に→（タブ）を挿入します。

STEP UP　その他の方法（タブ位置の設定）

◆段落内にカーソルを移動→《ホーム》タブ→《段落》グループの 🔽 （段落の設定）→《タブ設定》→《タブ位置》に字数を入力→《配置》を選択

STEP UP　タブの種類

水平ルーラーの左端にある └ をクリックすると、タブの種類を変更できます。
タブの種類は、次のとおりです。

種類	説明
└ （左揃えタブ）	文字の左端をタブ位置にそろえます。
┴ （中央揃えタブ）	文字の中央をタブ位置にそろえます。
┘ （右揃えタブ）	文字の右端をタブ位置にそろえます。
┷ （小数点揃えタブ）	数値の小数点をタブ位置にそろえます。
│ （縦棒タブ）	縦棒をタブ位置に表示します。

POINT 任意のタブ位置の変更・解除

設定したタブ位置を変更するには、段落内にカーソルを移動し、水平ルーラーの┗(タブマーカー)をドラッグします。

※ Alt を押しながらドラッグすると、微調整することができます。

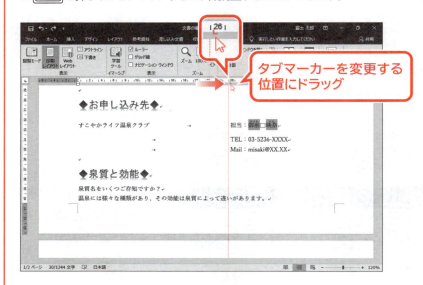

設定したタブ位置を解除するには、段落内にカーソルを移動し、水平ルーラーの┗(タブマーカー)を水平ルーラーの外にドラッグします。

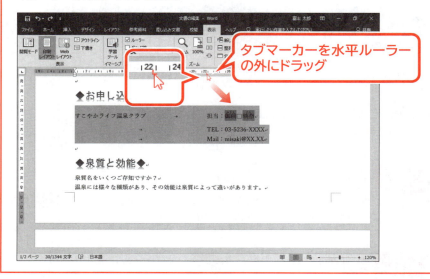

STEP UP タブ位置をすべて解除

段落内に設定した複数のタブ位置をすべて解除する方法は、次のとおりです。

◆段落内にカーソルを移動→《ホーム》タブ→《段落》グループの (段落の設定)→《タブ設定》→《すべてクリア》

4 リーダーの表示

任意のタブ位置にそろえた文字の左側に「**リーダー**」という線を表示できます。
約22字のタブ位置にそろえた「**担当：御前　映奈**」の左側に、リーダーを表示しましょう。

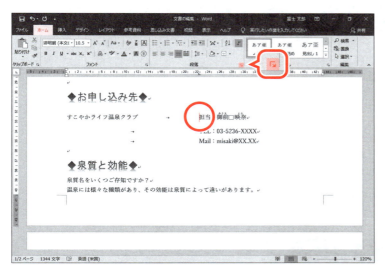

リーダーを表示する段落を指定します。
①「**担当：御前　映奈**」の段落にカーソルを移動します。
※段落内であれば、どこでもかまいません。
②《**ホーム**》タブを選択します。
③《**段落**》グループの ■ （段落の設定）をクリックします。

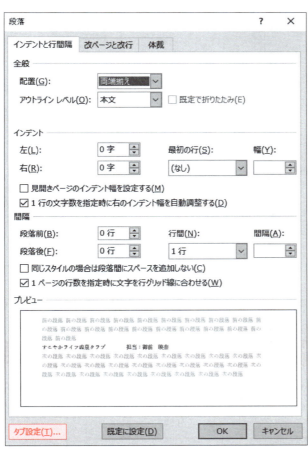

《**段落**》ダイアログボックスが表示されます。
④《**タブ設定**》をクリックします。

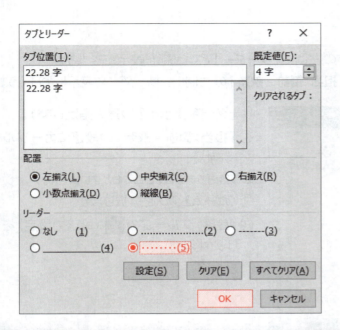

《タブとリーダー》ダイアログボックスが表示されます。

⑤《リーダー》の《………(5)》を●にします。
⑥《OK》をクリックします。

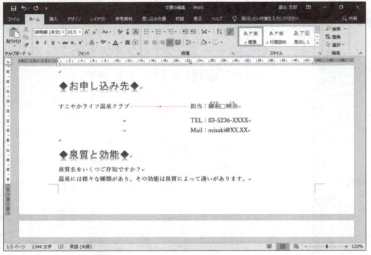

リーダーが表示されます。

※《表示》タブ→《表示》グループの《ルーラー》を□にして、ルーラーを非表示にしておきましょう。

STEP UP その他の方法（リーダーの表示）

◆段落内にカーソルを移動→水平ルーラーのタブマーカーをダブルクリック→《リーダー》を選択

POINT リーダーの解除

設定したリーダーを解除する方法は、次のとおりです。
◆段落内にカーソルを移動→《ホーム》タブ→《段落》グループの □ （段落の設定）→《タブ設定》→《リーダー》の《●なし(1)》

8 ドロップキャップ

段落の先頭の文字を大きく表示することを「**ドロップキャップ**」といいます。ドロップキャップを設定すると、段落の先頭文字を強調できます。ドロップキャップの位置や表示する行数、本文との距離などを設定することができます。

●**本文内に表示**

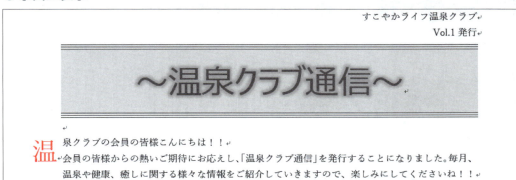

●**余白に表示**

本文の最初の文字にドロップキャップを設定しましょう。

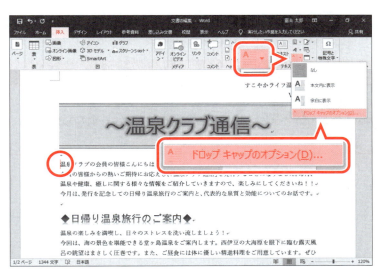

ドロップキャップを設定する段落を指定します。

①「**温泉クラブの…**」の段落にカーソルを移動します。

※段落内であれば、どこでもかまいません。

②《**挿入**》タブを選択します。

③《**テキスト**》グループの (ドロップキャップの追加) をクリックします。

④《**ドロップキャップのオプション**》をクリックします。

《ドロップキャップ》ダイアログボックスが表示されます。

⑤《位置》の《本文内に表示》をクリックします。

⑥《ドロップする行数》を「2」に設定します。

⑦《本文からの距離》を「2mm」に設定します。

⑧《OK》をクリックします。

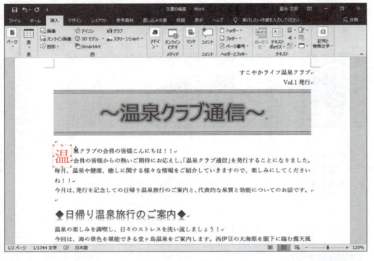

ドロップキャップが設定されます。

POINT ドロップキャップの解除

設定したドロップキャップを解除する方法は、次のとおりです。

◆段落内にカーソルを移動→《挿入》タブ→《テキスト》グループの (ドロップキャップの追加) → 《なし》

Step3 段組みを設定する

1 段組み

「段組み」を使うと、文章を複数の段に分けて配置できます。設定できる段数はページのサイズによって異なります。段組みは、印刷レイアウトの表示モードで確認できます。

1 段組みの設定

2ページ目の「単純温泉」の行から文末までの文章を2段組みにしましょう。

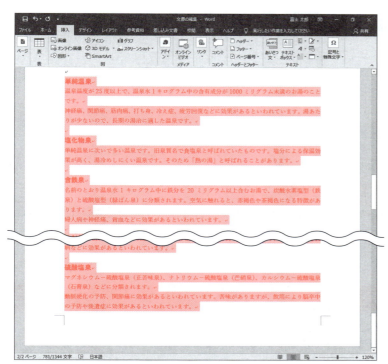

段組みにする文章を選択します。
①「単純温泉」の行から文末まで選択します。
※行の左側をドラッグします。

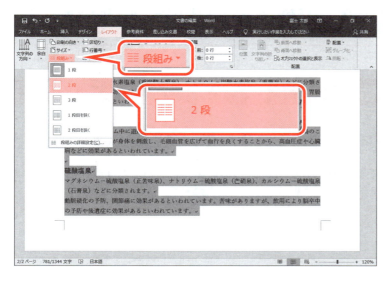

②《レイアウト》タブを選択します。
③《ページ設定》グループの ≡ 段組み ▼ （段の追加または削除）をクリックします。
④《2段》をクリックします。

162

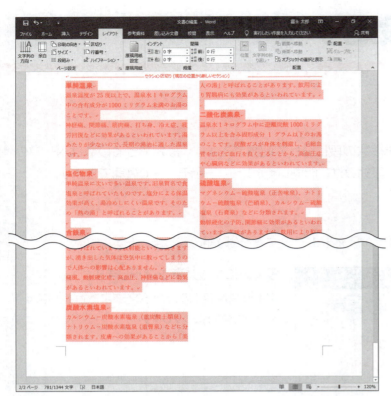

文章の前にセクション区切りが挿入され、文章が2段組みになります。

STEP UP その他の方法（段組みの設定）

◆段組みにする範囲を選択→《レイアウト》タブ→《ページ設定》グループの ≡ 段組み▼ （段の追加または削除）→《段組みの詳細設定》→《種類》の一覧から段数を選択または《段数》を設定
※段と段の間に境界線を引いたり、段の幅や間隔を設定したりできます。

POINT セクションとセクション区切り

範囲を選択して段組みを設定すると、選択した範囲の前後に自動的にセクション区切りが挿入され、新しいセクションが作成されます。文末まで選択した場合は、選択した範囲の前にだけセクション区切りが挿入されます。
通常、文書はひとつの「セクション」で構成されており、「セクション区切り」を挿入することで文書内に複数の異なる書式を設定できます。

POINT 段組みの解除

段組みを解除する方法は、次のとおりです。
◆段組み内にカーソルを移動→《レイアウト》タブ→《ページ設定》グループの ≡ 段組み▼ （段の追加または削除）→《1段》
※段組みを解除してもセクション区切りは残ります。セクション区切りを削除するには、セクション区切りの前にカーソルを移動して Delete を押します。

2 段区切りの設定

段組みにした文章の中で、任意の位置から強制的に段を改める場合は、「**段区切り**」を挿入します。

「**炭酸水素塩泉**」の行が2段目の先頭になるように、段区切りを挿入しましょう。

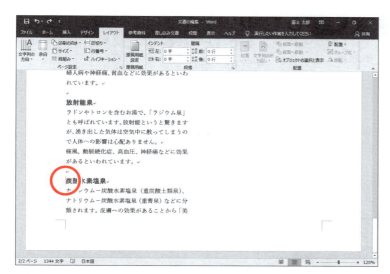

段区切りを挿入する位置を指定します。
①「**炭酸水素塩泉**」の行の先頭にカーソルを移動します。

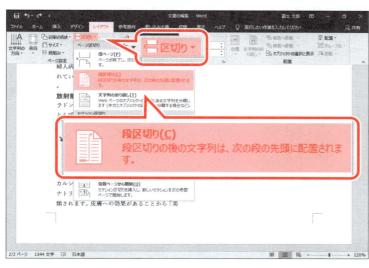

②《**レイアウト**》タブを選択します。
③《**ページ設定**》グループの (ページ/セクション区切りの挿入) をクリックします。
④《**ページ区切り**》の《**段区切り**》をクリックします。

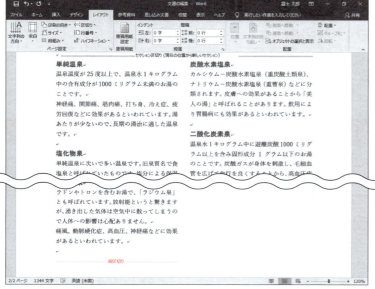

⑤段区切りが挿入され、以降の文章が2段目に送られていることを確認します。

STEP UP その他の方法（段区切りの挿入）

◆段区切りを挿入する位置にカーソルを移動→

2 改ページ

任意の位置から強制的にページを改める場合は、「**改ページ**」を挿入します。
「◆泉質と効能◆」の行が2ページ目の先頭になるように、改ページを挿入しましょう。

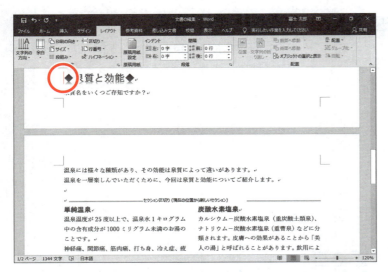

改ページを挿入する位置を指定します。
①「◆泉質と効能◆」の行の先頭にカーソルを移動します。

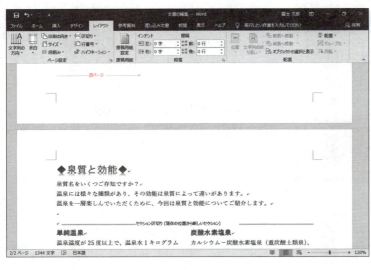

② Ctrl + Enter を押します。
③改ページが挿入され、以降の文章が2ページ目に送られていることを確認します。

> **STEP UP** その他の方法（改ページの挿入）
>
> ◆改ページを挿入する位置にカーソルを移動→《レイアウト》タブ→《ページ設定》グループの 区切り （ページ/セクション区切りの挿入）→《ページ区切り》の《改ページ》

> **POINT** 改ページの解除
>
> 改ページを解除する方法は、次のとおりです。
> ◆改ページの前にカーソルを移動→ Delete

Step4 ページ番号を追加する

1 ページ番号の追加

「ページ番号の追加」を使うと、すべてのページに連続したページ番号を追加できます。ページ番号は、ページの増減によって自動的にページ番号が振り直されます。

ページ番号の表示位置は、ページの上部、下部、余白、現在のカーソル位置から選択できます。また、それぞれにデザイン性の高いページ番号が用意されており、選択するだけで簡単に追加できます。

ページの下部右側に、「1」と表示される「2本線2」というスタイルのページ番号を追加しましょう。

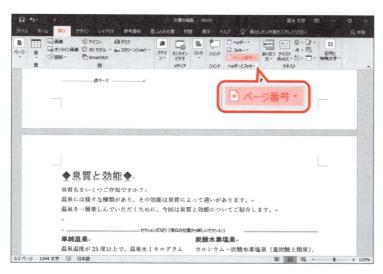

①《挿入》タブを選択します。
②《ヘッダーとフッター》グループの ページ番号▼（ページ番号の追加）をクリックします。

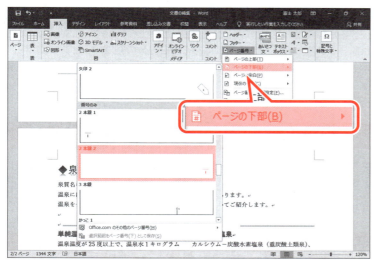

③《ページの下部》をポイントします。
④《番号のみ》の《2本線2》をクリックします。
※一覧に表示されていない場合は、スクロールして調整します。

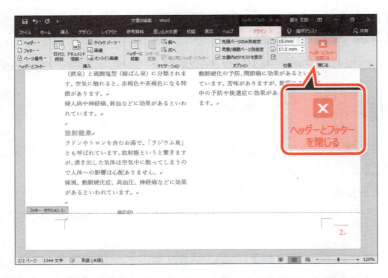

ページの下部右側にページ番号が追加されます。

リボンに《ヘッダー/フッターツール》の《デザイン》タブが表示されます。

⑤《ヘッダー/フッターツール》の《デザイン》タブを選択します。

⑥《閉じる》グループの ▨ (ヘッダーとフッターを閉じる) をクリックします。

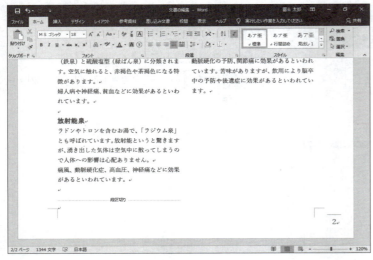

文書の編集に戻ります。

※スクロールしてページの下部右側にページ番号が追加されていることを確認しておきましょう。

※文書に「文書の編集完成」と名前を付けて、フォルダー「第5章」に保存し、閉じておきましょう。

STEP UP ヘッダーとフッター

「ヘッダー」はページの上部、「フッター」はページの下部にある余白部分の領域のことです。
ヘッダーやフッターは、ページ番号や日付、文書のタイトルなど複数のページに共通する内容を表示するときに利用します。

POINT 《ヘッダー/フッターツール》の《デザイン》タブ

ヘッダーやフッター内にカーソルがあるとき、リボンに《ヘッダー/フッターツール》の《デザイン》タブが表示され、ヘッダーやフッターに関するコマンドが使用できる状態になります。

POINT ページ番号の削除

追加したページ番号を削除する方法は、次のとおりです。

◆《挿入》タブ→《ヘッダーとフッター》グループの ▨ページ番号▾ (ページ番号の追加) →《ページ番号の削除》

練習問題

解答 ▶ 別冊P.3

完成図のような文書を作成しましょう。
※設定する項目名が一覧にない場合は、任意の項目を選択してください。

 フォルダー「第5章」の文書「第5章練習問題」を開いておきましょう。

●完成図

2019年7月1日発行

プラネタリウム通信

空に散りばめられているようにしか見えなかった星から「絵」が見えてくる。
天井に散らばる恒星を神や人物、動物などを想像して線でつなぎ、絵に描いたのが星座の始まりだといわれています。そして、星座にはいろいろな伝説があります。
夏の夜、海や山に出かけたついでに、満天の星空を見上げてみましょう。
夏の星空は、天の川とともにやってきて、さそり座、はくちょう座、こと座、わし座などが見られます。

☆。・。☆。・。☆。・。☆。・。☆。・。☆。・。☆。・。☆。・。☆。・。☆。・。☆。・。☆。・。☆

★今月のテーマ：『夏の夜空に輝くさそり座』

ギリシャ神話では、オリオンを刺し殺したのはこの「さそり」だといわれています。オリオンも星座になりましたが、さそりを恐れてさそり座と一緒に空に輝くことはありません。さそり座は夏の星座、オリオン座は冬の星座として夜空に輝いています。
S字にカーブしているさそり座は、南の空低く天の川を抱え込むように輝いています。
中国では、さそり座を青龍に見立てS字にからだをくねらせた天の龍を思い描いていたそうです。

日本の瀬戸内海地方の漁師たちは、釣り針を思い描いて「魚釣り星」「鯛釣り星」と呼んでいました。
赤い星アンタレスは、夏の夜、南の空に明るく輝いて見えます。ちょうどさそり座の心臓のように見え、とても印象的です。アンタレスとは「火星の敵」という意味で、古代の人々は、アンタレスを不気味な闇の力を持つ星だと考えていました。

☆。・。☆。・。☆。・。☆。・。☆。・。☆。・。☆。・。☆。・。☆。・。☆。・。☆。・。☆。・。☆

★7月のプラネタリウム

- ◇ 開催曜日：水・金・土・日
- ◇ 開催時間：午前10:00～／午後2:30～（水・金は午後のみ）
- ◇ 定　員：100名
- ◇ 入館料：高校生以上　300円　中学生以下　150円

お問合せ先………………県立学習センター　三上(みかみ)
電話 052-201-XXXX

① 「プラネタリウム通信」「★今月のテーマ：『夏の夜空に輝くさそり座』」「★7月のプラネタリウム」に文字の効果「塗りつぶし：黒、文字色1；輪郭：白、背景色1；影（ぼかしなし）：白、背景色1」を設定しましょう。

② 「★今月のテーマ…」の上の行の「★・。・☆・。・★…」に次の書式を設定しましょう。
また、設定した書式を「★7月のプラネタリウム」の上の行の「★・。・☆・。・★…」にコピーしましょう。

```
フォントの色 ：黄
文字の輪郭　：ゴールド、アクセント4、黒+基本色25%
```

Hint! フォントの色は、《ホーム》タブ→《フォント》グループの ▲▼ （フォントの色）を使います。

③ 「ギリシャ神話では…」から「…闇の力を持つ星だと考えていました。」までの文章を2段組みにしましょう。
また、段の間に境界線を設定しましょう。

Hint! 段の間の境界線は、《レイアウト》タブ→《ページ設定》グループの 段組み▼ （段の追加または削除）→《段組みの詳細設定》を使います。

④ 「ギリシャ神話では…」「S字にカーブしている…」「赤い星アンタレス…」の先頭文字に次のようにドロップキャップを設定しましょう。

```
位置　　　　　　：本文内に表示
ドロップする行数：2行
本文からの距離　：2mm
```

⑤ 「日本の瀬戸内海地方の漁師たちは…」から始まる行が2段目の先頭になるように、段区切りを挿入しましょう。

⑥ 「定員」「入館料」を4文字分の幅に均等に割り付けましょう。

⑦ 「開催曜日…」「開催時間…」「定員…」「入館料…」の行間を現在の1.15倍に変更しましょう。

⑧ 「三上」に「みなかみ」とルビを付けましょう。

⑨ 「県立学習センター　三上」と「電話052-201-XXXX」を約34字の位置にそろえましょう。
また、完成図を参考に、「県立学習センター　三上」の左側にリーダーを表示しましょう。

※文書に「第5章練習問題完成」と名前を付けて、フォルダー「第5章」に保存し、閉じておきましょう。

第6章

表現力をアップする機能

Check	この章で学ぶこと	171
Step1	作成する文書を確認する	172
Step2	ワードアートを挿入する	173
Step3	画像を挿入する	182
Step4	図形を作成する	191
Step5	ページ罫線を設定する	194
Step6	テーマを適用する	196
練習問題		198

第6章 この章で学ぶこと

学習前に習得すべきポイントを理解しておき、
学習後には確実に習得できたかどうかを振り返りましょう。

1	ワードアートが何かを説明できる。	→ P.173
2	文書にワードアートを挿入できる。	→ P.173
3	ワードアートのフォントやフォントサイズを変更できる。	→ P.175
4	形状、影、枠線の太さなどのスタイルを変更して、ワードアートを強調できる。	→ P.177
5	ワードアートのサイズや位置を調整できる。	→ P.180
6	文書に画像を挿入できる。	→ P.182
7	画像に文字列の折り返しを設定できる。	→ P.184
8	画像のサイズや位置を調整できる。	→ P.186
9	画像にスタイルを適用して、画像のデザインを変更できる。	→ P.188
10	画像の枠線の太さを変更できる。	→ P.189
11	目的に合った図形を作成できる。	→ P.191
12	図形にスタイルを適用して、図形全体のデザインを変更できる。	→ P.193
13	ページの周りに絵柄の付いた罫線を設定できる。	→ P.194
14	文書にテーマを適用して、文書全体のイメージを変更できる。	→ P.196
15	文書に適用したテーマのフォントを変更できる。	→ P.197

Step1 作成する文書を確認する

1 作成する文書の確認

次のような文書を作成しましょう。

---テーマの適用
テーマのフォントの変更

ペット雑貨ショップ　ラブリーハウス

7月7日（日）AM10:30

リニューアルオープン

---図形の作成
スタイルの適用

---ワードアートの挿入
スタイルの変更
サイズ変更と移動
フォント・フォントサイズの変更

新しく生まれ変わった「ペット雑貨ショップ　ラブリーハウス」では、お連れのワンちゃんと一緒に過ごせるカフェスペースを新設いたしました！！
アットホームな雰囲気の店内で、ゆっくりとお買い物をお楽しみいただけます。
また、おでかけ用のお洋服からおもちゃまで、様々なペット用品を豊富に取りそろえております。かわいいお洋服も続々入荷予定です。
お散歩のついでに、お気軽にお立ち寄りください！！

---画像の挿入
文字列の折り返し
サイズ変更と移動
スタイルの適用

■リニューアルオープン・キャンペーン

リニューアルオープンを記念して、7月31日までの期間、全商品10%OFFのキャンペーンを実施いたします。

■ご来店プレゼント

キャンペーン期間中にご来店いただいたお客様には、かわいいプレゼントをご用意しております。チラシと交換で、次の中からお選びください。
◆ペットまくら
◆ペットの食器
◆ペットのおもちゃ

ペット雑貨ショップ　ラブリーハウス

営業時間: 10:30～19:00
住所: 横浜市港北区 X-X-X
電話: 045-XXX-XXXX
URL: http://www.lovely.xx/

---ページ罫線の設定

172

Step2 ワードアートを挿入する

1 ワードアート

「ワードアート」を使うと、特殊効果のある文字を挿入できます。ワードアートには、文字の形や文字方向、色や立体などの効果をまとめたスタイルがあらかじめ用意されているため、簡単に文字を装飾できます。インパクトのあるタイトルを配置したいときに便利です。

リニューアルオープン

リニューアルオープン

リニューアルオープン

2 ワードアートの挿入

ワードアートを使って、1行目に「**7月7日(日)AM10:30**」、2行目に「**リニューアルオープン**」というタイトルを挿入しましょう。
ワードアートのスタイルは「**塗りつぶし：オレンジ、アクセントカラー2；輪郭：オレンジ、アクセントカラー2**」にします。
※設定する項目名が一覧にない場合は、任意の項目を選択してください。

File OPEN フォルダー「第6章」の文書「表現力をアップする機能」を開いておきましょう。

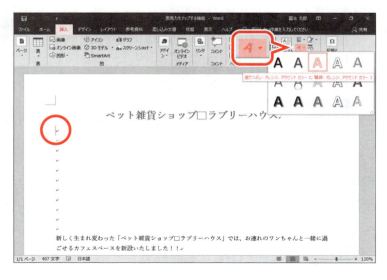

ワードアートを挿入する位置を指定します。

① 「**ペット雑貨ショップ　ラブリーハウス**」の下の行にカーソルを移動します。
② 《**挿入**》タブを選択します。
③ 《**テキスト**》グループの （ワードアートの挿入）をクリックします。
④ 《**塗りつぶし：オレンジ、アクセントカラー2；輪郭：オレンジ、アクセントカラー2**》をクリックします。

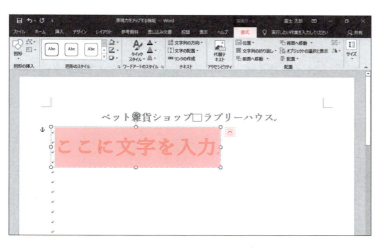

⑤《ここに文字を入力》が選択されていることを確認します。

ワードアートの右側に■(レイアウトオプション)が表示され、リボンに《描画ツール》の《書式》タブが表示されます。

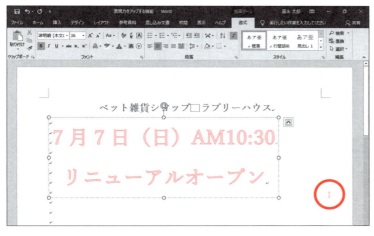

⑥「7月7日(日)AM10:30」と入力します。
⑦ Enter を押して改行します。
⑧「リニューアルオープン」と入力します。
ワードアートの文字を確定します。
⑨ワードアート以外の場所をクリックします。

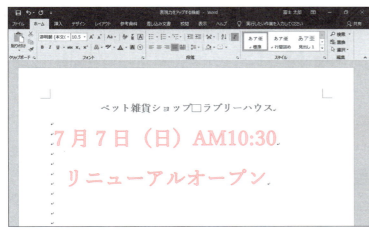

ワードアートの文字が確定されます。

POINT レイアウトオプション

ワードアートを選択すると、ワードアートの右側に■(レイアウトオプション)が表示されます。■(レイアウトオプション)では、ワードアートと文字をどのように配置するかを設定できます。

POINT 《描画ツール》の《書式》タブ

ワードアートが選択されているとき、リボンに《描画ツール》の《書式》タブが表示され、ワードアートの書式に関するコマンドが使用できる状態になります。

POINT ワードアートの削除

ワードアートを削除する方法は、次のとおりです。
◆ワードアートを選択→ Delete

174

3 ワードアートのフォント・フォントサイズの変更

挿入したワードアートのフォントを「**メイリオ**」に変更しましょう。また、「**7月7日(日) AM10:30**」のフォントサイズを「**24**」ポイントに変更しましょう。

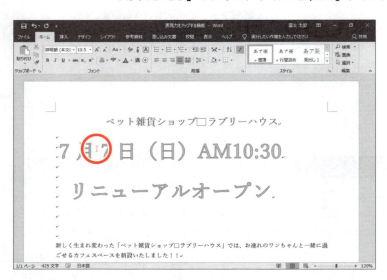

ワードアートを選択します。
①ワードアートの文字上をクリックします。

ワードアートが点線で囲まれ、○(ハンドル)が表示されます。
②点線上をクリックします。

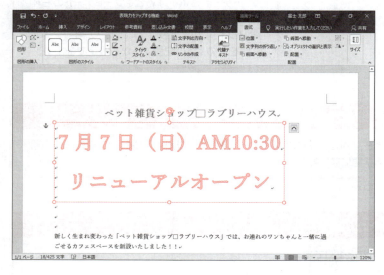

ワードアートが選択されます。
ワードアートの周囲の枠線が、点線から実線に変わります。

③《ホーム》タブを選択します。

④《フォント》グループの 游明朝 (本文) （フォント）の をクリックし、一覧から《メイリオ》を選択します。

※一覧に表示されていない場合は、スクロールして調整します。
※一覧をポイントすると、設定後のイメージを画面で確認できます。

ワードアートのフォントが変更されます。

⑤「7月7日（日）AM10:30」を選択します。

⑥《フォント》グループの 36 （フォントサイズ）の をクリックし、一覧から《24》を選択します。

※一覧をポイントすると、設定後のイメージを画面で確認できます。

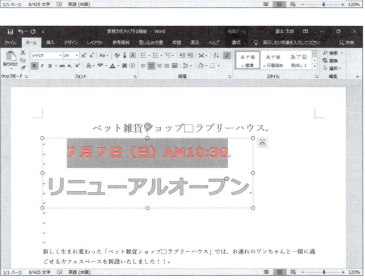

ワードアートのフォントサイズが変更されます。

POINT ワードアートの枠線

ワードアート上をクリックすると、カーソルが表示され、ワードアートが点線(----------)で囲まれます。この状態のとき、文字を編集したり文字の一部の書式を設定したりできます。
ワードアートの枠線上をクリックすると、ワードアート全体が選択され、ワードアートが実線(————)で囲まれます。この状態のとき、ワードアート内のすべての文字に書式を設定できます。

●ワードアート内にカーソルがある状態　●ワードアート全体が選択されている状態

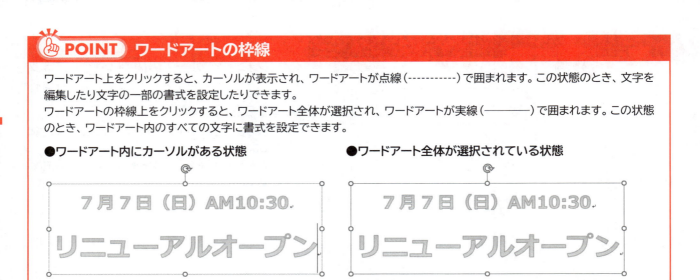

4　ワードアートのスタイルの変更

ワードアートを挿入したあと、文字の色や輪郭、効果などを変更できます。
文字の色を変更するには ▲▼ (文字の塗りつぶし) を使います。文字の輪郭の色や太さを変更するには ▲▼ (文字の輪郭) を使います。文字に影を付けたり変形したりするには ▲▼ (文字の効果) を使います。

1 ワードアートの効果の変更

次のようにワードアートのスタイルを変更しましょう。

```
変形　：凹レンズ：上、凸レンズ：下
影　　：オフセット：下
```

※設定する項目名が一覧にない場合は、任意の項目を選択してください。

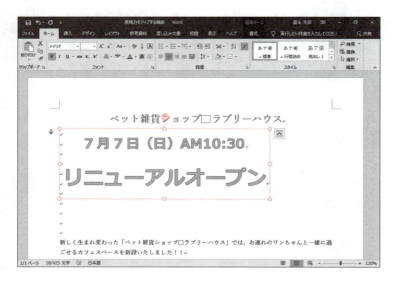

ワードアートを選択します。
①点線上をクリックします。
ワードアートが選択されます。
ワードアートの周囲の枠線が、点線から実線に変わります。

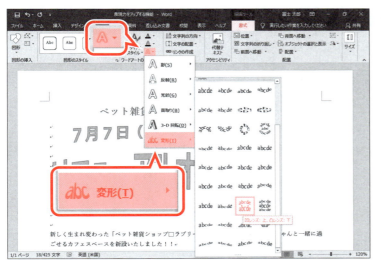

②《書式》タブを選択します。

③《ワードアートのスタイル》グループの （文字の効果）をクリックします。

④《変形》をポイントします。

⑤《形状》の《凹レンズ：上、凸レンズ：下》をクリックします。

※一覧に表示されていない場合は、スクロールして調整します。
※一覧をポイントすると、設定後のイメージを画面で確認できます。

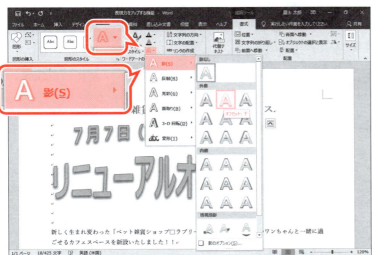

ワードアートの形状が変更されます。

⑥《ワードアートのスタイル》グループの （文字の効果）をクリックします。

⑦《影》をポイントします。

⑧《外側》の《オフセット：下》をクリックします。

※一覧をポイントすると、設定後のイメージを画面で確認できます。

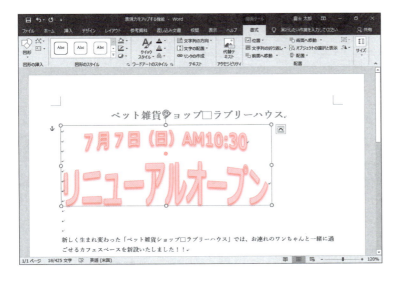

ワードアートに影が付きます。

2 ワードアートの輪郭の変更

ワードアートの輪郭の太さを「1.5pt」に変更しましょう。

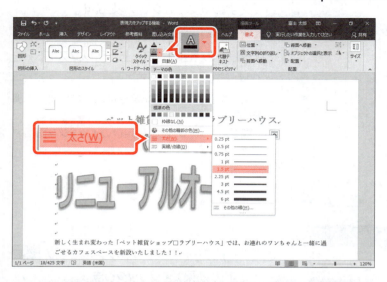

① ワードアートが選択されていることを確認します。
② 《書式》タブを選択します。
③ 《ワードアートのスタイル》グループの ![A] （文字の輪郭）の ▼ をクリックします。
④ 《太さ》をポイントします。
⑤ 《1.5pt》をクリックします。

※ 一覧をポイントすると、設定後のイメージを画面で確認できます。

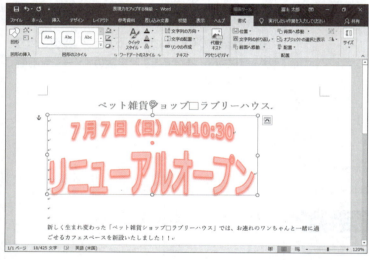

ワードアートの輪郭の太さが変更されます。

🚩 STEP UP　ワードアートの文字や輪郭の色

ワードアートの文字や輪郭の色をあとから変更できます。

文字の色

ワードアートの文字の色を変更する方法は、次のとおりです。

◆ワードアートを選択→《書式》タブ→《ワードアートのスタイル》グループの ![A] （文字の塗りつぶし）の ▼

文字の輪郭の色

ワードアートの文字の輪郭の色を変更する方法は、次のとおりです。

◆ワードアートを選択→《書式》タブ→《ワードアートのスタイル》グループの ![A] （文字の輪郭）の ▼

🚩 STEP UP　ワードアートクイックスタイル

「ワードアートクイックスタイル」とは、ワードアートの文字を装飾するための書式の組み合わせのことです。文字の塗りつぶしや輪郭、効果などがあらかじめ設定されています。
ワードアートを挿入したあとに、ワードアートの見栄えを瞬時に変えることができます。
ワードアートのスタイルを変更する方法は、次のとおりです。

◆ワードアートを選択→《書式》タブ→《ワードアートのスタイル》グループの ![A] （ワードアートクイックスタイル）

5 ワードアートのサイズ変更と移動

ワードアートは、文書に合わせてサイズを変更したり移動したりできます。
ワードアートのサイズを変更したり移動したりすると、本文と余白の境界や本文の中央などに緑色の線が表示されます。この線を「**配置ガイド**」といいます。ワードアートを本文の左右や本文の中央にそろえて配置したり、本文の文字と高さを合わせて配置したりするときなどの目安として利用できます。

1 ワードアートのサイズ変更

ワードアートのサイズを変更するには、ワードアートを選択し、周囲に表示される○（ハンドル）をドラッグします。
ワードアートのサイズを拡大しましょう。

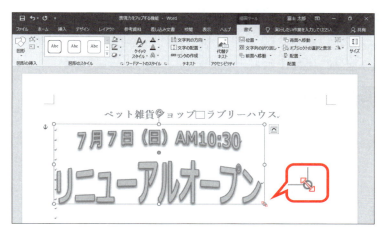

①ワードアートの右下の○（ハンドル）をポイントします。
マウスポインターの形が に変わります。

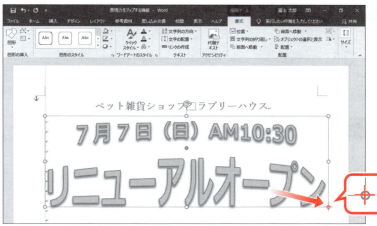

②図のように、右下にドラッグします。
ドラッグ中、マウスポインターの形が＋に変わります。

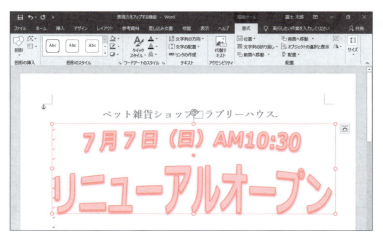

ワードアートのサイズが変更されます。

2 ワードアートの移動

ワードアートを移動するには、ワードアートの周囲の枠線をドラッグします。
ワードアートを移動し、配置ガイドを使って本文の中央に配置しましょう。

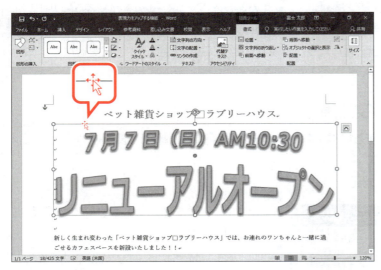

①ワードアートが選択されていることを確認します。
②ワードアートの枠線をポイントします。
マウスポインターの形が に変わります。

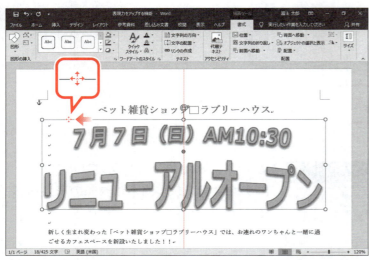

③図のように、移動先までドラッグします。
ドラッグ中、マウスポインターの形が に変わり、ドラッグしている位置によって配置ガイドが表示されます。

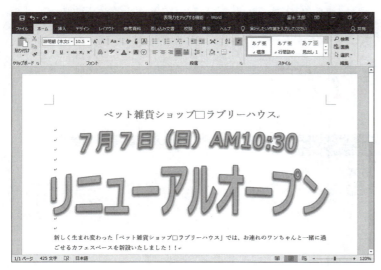

ワードアートが移動します。
※選択を解除しておきましょう。

STEP UP 文字の効果とワードアート

《ホーム》タブの A （文字の効果と体裁）を使うと、本文の文字にもワードアートと同じように影、光彩、反射といった視覚効果を設定できます。ワードアートはそのほか、「面取り」「3-D回転」「変形」といった視覚効果を設定したり、自由な位置に移動したりすることができます。

Step3 画像を挿入する

1 画像

「画像」とは、写真やイラストをデジタル化したデータのことです。デジタルカメラで撮影したりスキャナで取り込んだりした画像をWordの文書に挿入できます。Wordでは画像のことを「図」ともいいます。
写真には、文書にリアリティを持たせるという効果があります。また、イラストには、文書のアクセントになったり、文書全体の雰囲気を作ったりする効果があります。

2 画像の挿入

「アットホームな雰囲気…」で始まる行に、フォルダー「**第6章**」の画像「**外観**」を挿入しましょう。

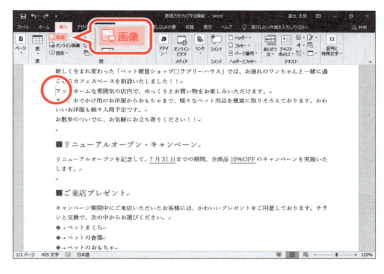

画像を挿入する位置を指定します。
①「**アットホームな雰囲気…**」で始まるの行の先頭にカーソルを移動します。
②《**挿入**》タブを選択します。
③《**図**》グループの [画像]（ファイルから）をクリックします。

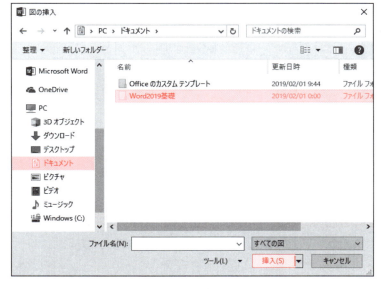

《**図の挿入**》ダイアログボックスが表示されます。
画像が保存されている場所を選択します。
④左側の一覧から《**ドキュメント**》を選択します。
※《**ドキュメント**》が表示されていない場合は、《**PC**》をダブルクリックします。
⑤右側の一覧から「**Word2019基礎**」を選択します。
⑥《**挿入**》をクリックします。

第6章 表現力をアップする機能

⑦一覧から「**第6章**」を選択します。
⑧《**挿入**》をクリックします。
挿入する画像を選択します。
⑨一覧から「**外観**」を選択します。
⑩《**挿入**》をクリックします。

画像が挿入されます。
画像の右側に（レイアウトオプション）が表示され、リボンに《**図ツール**》の《**書式**》タブが表示されます。
⑪画像の周囲に○（ハンドル）が表示され、画像が選択されていることを確認します。
画像の選択を解除します。
⑫画像以外の場所をクリックします。

画像の選択が解除されます。

> **POINT** 《図ツール》の《書式》タブ
>
> 画像が選択されているとき、リボンに《図ツール》の《書式》タブが表示され、画像の書式に関するコマンドが使用できる状態になります。

3 文字列の折り返し

画像を挿入した直後は、画像を自由な位置に移動できません。画像を自由な位置に移動するには、「**文字列の折り返し**」を設定します。

初期の設定では、文字列の折り返しは「**行内**」になっています。画像の周囲に沿って本文を周り込ませるには、文字列の折り返しを「**四角形**」に設定します。

文字列の折り返しを「**四角形**」に設定しましょう。

①画像をクリックします。
画像が選択されます。
※画像の周囲に〇（ハンドル）が表示されます。
②（レイアウトオプション）をクリックします。

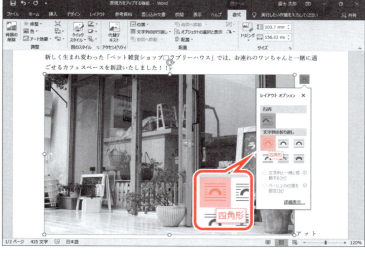

《レイアウトオプション》が表示されます。
③《文字列の折り返し》の（四角形）をクリックします。

④《レイアウトオプション》の（閉じる）をクリックします。

《レイアウトオプション》が閉じられます。

文字列の折り返しが四角形に変更され、画像の周囲に本文が周り込みます。

🚩 STEP UP　その他の方法（文字列の折り返し）

◆画像を選択→《書式》タブ→《配置》グループの 文字列の折り返し （文字列の折り返し）

🚩 STEP UP　文字列の折り返し

文字列の折り返しには、次のようなものがあります。

●行内

文字と同じ扱いで画像が挿入されます。
1行の中に文字と画像が配置されます。

●四角形　　●狭く　　●内部

  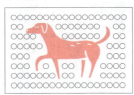

文字が画像の周囲に周り込んで配置されます。

●上下

文字が行単位で画像を避けて配置されます。

●背面　　●前面

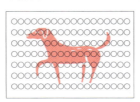 

文字と画像が重なって配置されます。

4　画像のサイズ変更と移動

画像を挿入したあと、文書に合わせてサイズを変更したり移動したりできます。
画像をサイズ変更したり移動したりするときも配置ガイドが表示されます。配置ガイドを使うと、すばやく目的の位置に配置できます。

1 画像のサイズ変更

画像のサイズを変更するには、画像を選択し、周囲に表示される○（ハンドル）をドラッグします。
画像のサイズを縮小しましょう。

①画像が選択されていることを確認します。
②右下の○（ハンドル）をポイントします。
マウスポインターの形が に変わります。

③図のように、左上にドラッグします。
ドラッグ中、マウスポインターの形が ✛ に変わります。
※画像のサイズ変更に合わせて、文字が周り込みます。

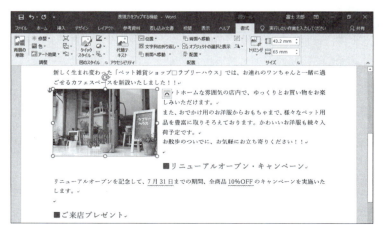

画像のサイズが変更されます。

STEP UP 画像の回転

画像は自由な角度に回転できます。
画像の上側に表示される ⟳ をポイントし、マウスポインターの形が変わったらドラッグします。

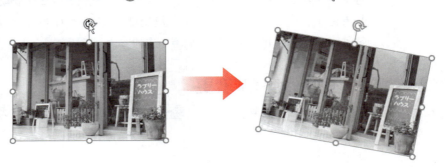

2 画像の移動

文字列の折り返しを「**行内**」から「**四角形**」に変更すると、画像を自由な位置に移動できるようになります。画像を移動するには、画像をドラッグします。
画像を移動し、配置ガイドを使って本文の右側に配置しましょう。

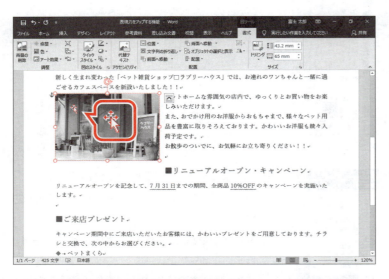

①画像が選択されていることを確認します。
②画像をポイントします。
マウスポインターの形が変わります。

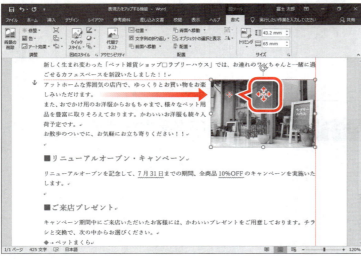

③図のように、移動先までドラッグします。
ドラッグ中、マウスポインターの形が変わり、ドラッグしている位置によって配置ガイドが表示されます。
※画像の移動に合わせて、文字が周り込みます。
④本文の右側に配置ガイドが表示されている状態でドラッグを終了します。

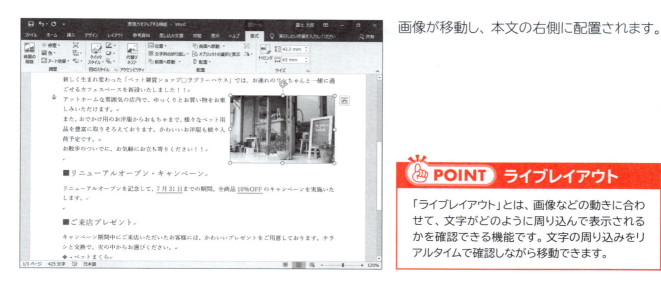

画像が移動し、本文の右側に配置されます。

> **POINT ライブレイアウト**
>
> 「ライブレイアウト」とは、画像などの動きに合わせて、文字がどのように周り込んで表示されるかを確認できる機能です。文字の周り込みをリアルタイムで確認しながら移動できます。

5 図のスタイルの適用

「図のスタイル」は、画像の枠線や効果などをまとめて設定した書式の組み合わせのことです。あらかじめ用意されている一覧から選択するだけで、簡単に画像の見栄えを整えることができます。影や光彩を付けて立体的に表示したり、画像にフレームを付けて装飾したりできます。

挿入した画像にスタイル「回転、白」を適用しましょう。
※設定する項目名が一覧にない場合は、任意の項目を選択してください。

①画像が選択されていることを確認します。
②《書式》タブを選択します。
③《図のスタイル》グループの （画像のスタイル）をクリックします。
④《回転、白》をクリックします。
※一覧をポイントすると、設定後のイメージを画面で確認できます。

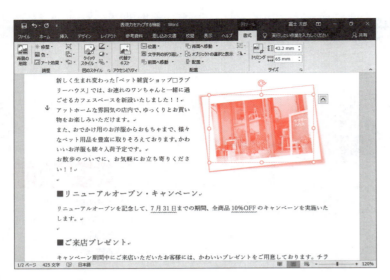

図のスタイルが適用されます。

6 画像の枠線の変更

画像に付けた枠線の色や太さを変更するには、 (図の枠線)を使います。
画像の枠線の太さを「6pt」に変更しましょう。

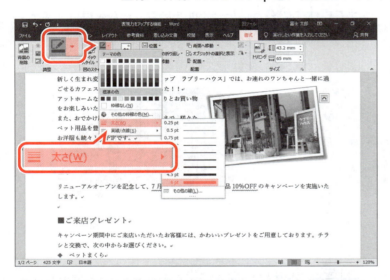

①画像が選択されていることを確認します。
②《書式》タブを選択します。
③《図のスタイル》グループの (図の枠線)の をクリックします。
④《太さ》をポイントします。
⑤《6pt》をクリックします。
※一覧をポイントすると、設定後のイメージを画面で確認できます。

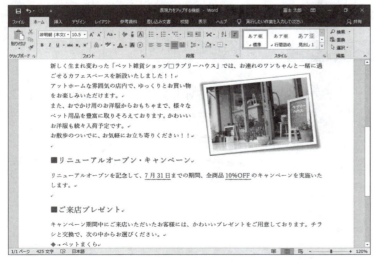

枠線の太さが変更されます。
※図のように、画像のサイズと位置を調整しておきましょう。
※選択を解除しておきましょう。

STEP UP 図のリセット

「図のリセット」を使うと、画像の枠線や効果などの設定を解除し、挿入した直後の状態に戻すことができます。
図をリセットする方法は、次のとおりです。

◆画像を選択→《書式》タブ→《調整》グループの ▣ (図のリセット)

STEP UP 図の効果の変更

画像に図のスタイルを適用したあと、影やぼかしなどの効果を変更できます。
影やぼかしの効果を変更する方法は、次のとおりです。

◆画像を選択→《書式》タブ→《図のスタイル》グループの ▣ (図の効果)

Let's Try ためしてみよう

図のように画像を挿入し、編集しましょう。

リニューアルオープンを記念して、7月31日までの期間、全商品10%OFFのキャンペーンを実施いたします。

■ご来店プレゼント

キャンペーン期間中にご来店いただいたお客様には、かわいいプレゼントをご用意しております。チラシと交換で、次の中からお選びください。
◆ペットまくら
◆ペットの食器
◆ペットのおもちゃ

ペット雑貨ショップ□ラブリーハウス

営業時間:10:30〜19:00
住所:横浜市港北区X-X-X
電話:045-XXX-XXXX
URL:http://www.lovely.xx/

①「キャンペーン期間中に…」の行に、フォルダー「第6章」の「食器」を挿入しましょう。
②画像の文字列の折り返しを「四角形」に設定しましょう。
③画像のサイズを調整しましょう。
※選択を解除しておきましょう。

Let's Try Answer

①
①「キャンペーン期間中に…」の行の先頭にカーソルを移動
②《挿入》タブを選択
③《図》グループの 📄画像 (ファイルから) をクリック
④左側の一覧から《ドキュメント》を選択
⑤右側の一覧から《Word2019基礎》を選択
⑥《挿入》をクリック
⑦一覧から「第6章」を選択
⑧《挿入》をクリック
⑨一覧から「食器」を選択
⑩《挿入》をクリック

②
①画像を選択
② 🖾 (レイアウトオプション) をクリック
③《文字列の折り返し》の 🖾 (四角形) をクリック
④《レイアウトオプション》の × (閉じる) をクリック

③
①画像を選択
②画像の○ (ハンドル) をドラッグして、サイズ変更

Step4 図形を作成する

1 図形

「図形」を使うと、線、基本図形、ブロック矢印、フローチャートなどの様々な図形を簡単に作成できます。図形は、文書を装飾するだけでなく、文字を入力したり、複数の図形を組み合わせて複雑な図形を作成したりすることもできます。

  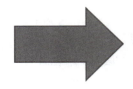

2 図形の作成

ワードアートの右上に、図形の**「星：5pt」**を作成しましょう。
※設定する項目名が一覧にない場合は、任意の項目を選択してください。

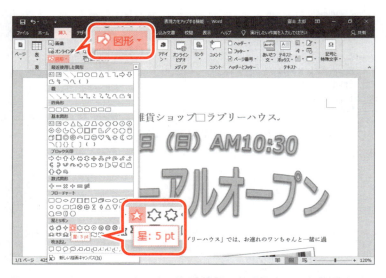

図形を作成する位置を表示します。
①文頭を表示します。
②《挿入》タブを選択します。
③《図》グループの ◎図形▼ （図形の作成）をクリックします。
④《星とリボン》の ☆ （星：5pt）をクリックします。

マウスポインターの形が ✚ に変わります。
⑤図のようにドラッグします。

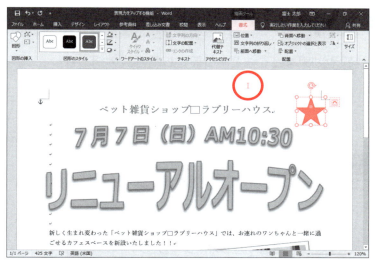

図形が作成されます。

図形の右側に （レイアウトオプション）が表示され、リボンに《描画ツール》の《書式》タブが表示されます。

⑥図形の周囲に○（ハンドル）が表示され、図形が選択されていることを確認します。

図形の選択を解除します。

⑦図形以外の場所をクリックします。

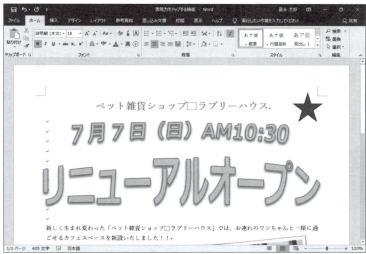

図形の選択が解除されます。

STEP UP 正方形／真円の作成

☐（正方形/長方形）や ◯（楕円）は Shift を押しながらドラッグすると、正方形や真円を作成できます。

STEP UP 文字の追加

図形に文字を入力したいときは、図形を選択した状態で文字を入力します。

3 図形のスタイルの適用

図形のスタイルには、図形の枠線や効果などをまとめて設定した書式の組み合わせが用意されています。
作成した図形にスタイル「**光沢-ゴールド、アクセント4**」を適用しましょう。
※設定する項目名が一覧にない場合は、任意の項目を選択してください。

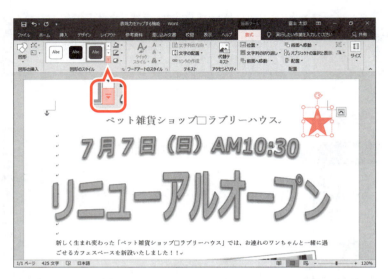

①図形をクリックします。
図形が選択されます。
※図形の周囲に○（ハンドル）が表示されます。
②《**書式**》タブを選択します。
③《**図形のスタイル**》グループの ▼（その他）をクリックします。

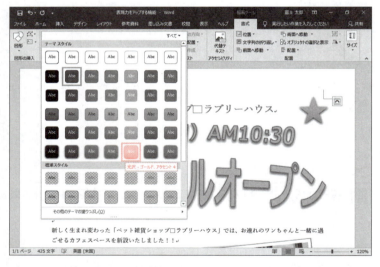

④《**テーマスタイル**》の《**光沢-ゴールド、アクセント4**》をクリックします。
※一覧をポイントすると、設定後のイメージを画面で確認できます。

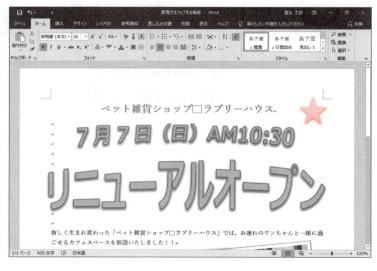

図形のスタイルが適用されます。
※選択を解除しておきましょう。

Step5 ページ罫線を設定する

1 ページ罫線

「ページ罫線」を使うと、ページの周りに罫線を引いて、ページを飾ることができます。ページ罫線には、線の種類や絵柄が豊富に用意されています。

2 ページ罫線の設定

次のようなページ罫線を設定しましょう。

```
絵柄    ： ●●●●●
色      ： オレンジ、アクセント2
線の太さ ： 12pt
```

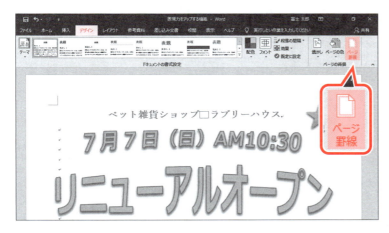

① 《デザイン》タブを選択します。
② 《ページの背景》グループの （罫線と網掛け）をクリックします。

《線種とページ罫線と網かけの設定》ダイアログボックスが表示されます。
ページ罫線の種類や絵柄を設定します。
③ 《ページ罫線》タブを選択します。
④ 左側の《種類》の《囲む》をクリックします。
⑤ 《絵柄》の をクリックし、一覧から《●●●●●》を選択します。
※一覧に表示されていない場合は、スクロールして調整します。

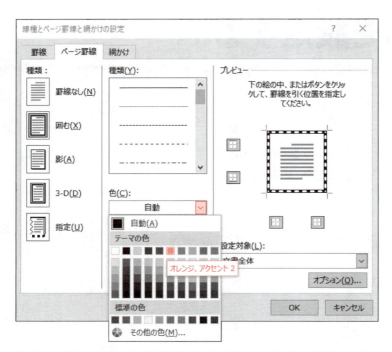

⑥《色》の∨をクリックします。

⑦《テーマの色》の《オレンジ、アクセント2》をクリックします。

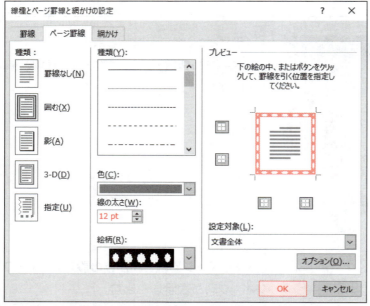

⑧《線の太さ》を「12pt」に設定します。

⑨設定した内容を《プレビュー》で確認します。

⑩《OK》をクリックします。

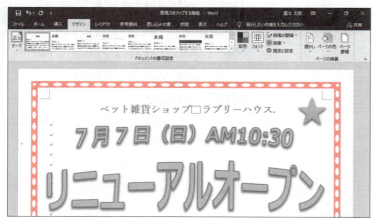

ページ罫線が設定されます。

STEP UP　その他の方法（ページ罫線）

◆《ホーム》タブ→《段落》グループの▦▾（罫線）の▾→《線種とページ罫線と網かけの設定》→《ページ罫線》タブ

POINT　ページ罫線の解除

ページ罫線を解除する方法は、次のとおりです。

◆《デザイン》タブ→《ページの背景》グループの▦（罫線と網掛け）→《ページ罫線》タブ→左側の《種類》の《罫線なし》

Step6 テーマを適用する

1 テーマ

「**テーマ**」とは、文書全体の配色（フォントやページの色などで使われる色の組み合わせ）、フォント（見出しや本文のフォント）、段落の間隔（行間や段落の間隔）、効果（図形やグラフなどのスタイル）を組み合わせて登録したものです。テーマには、「**シャボン**」「**オーガニック**」「**メッシュ**」などの名前が付けられており、テーマごとに配色やフォント、行間、効果が設定されています。
テーマを適用すると、文書全体のデザインが一括して変更され、統一感のある文書が作成できます。

2 テーマの適用

テーマを適用すると、文書全体のデザインを一括して変更できるので、ワードアートや図形などのオブジェクトごとにひとつずつ書式を設定する手間を省くことができます。
作成した文書にテーマ「**イオンボードルーム**」を適用しましょう。

①《**デザイン**》タブを選択します。
②《**ドキュメントの書式設定**》グループの （テーマ）をクリックします。
③《**イオンボードルーム**》をクリックします。
※一覧をポイントすると、設定後のイメージを画面で確認できます。

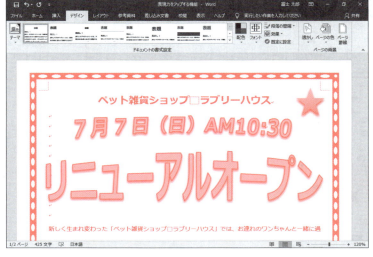

テーマが適用されます。

> **POINT テーマの解除**
>
> テーマを解除するには、初期の設定のテーマ「Office」を適用します。

STEP UP テーマのフォント・テーマの色

テーマを適用すると、設定したテーマに応じてリボンのボタンに表示されるフォントや配色などの一覧が変更されます。
例えば、テーマを「イオンボードルーム」に設定している場合、《ホーム》タブ→《フォント》グループの メイリオ(本文の (フォント) や A (フォントの色) の一覧は、次のようになります。

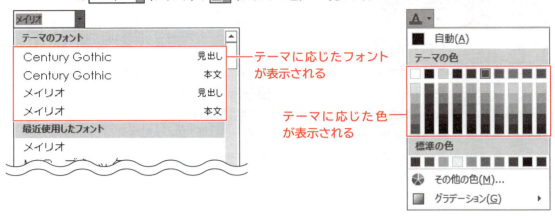

テーマに応じたフォントが表示される

テーマに応じた色が表示される

3 テーマのカスタマイズ

テーマの配色、フォント、段落の間隔、効果は、それぞれ個別に設定することもできます。
テーマのフォントを「Arial Black-Arial」に変更しましょう。

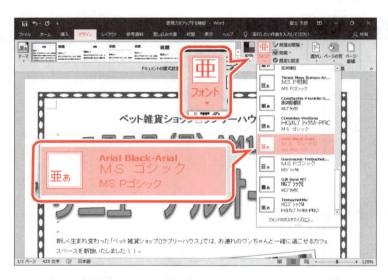

①《デザイン》タブを選択します。
②《ドキュメントの書式設定》グループの 亜フォント (テーマのフォント) をクリックします。
③《Arial Black-Arial》をクリックします。
※一覧に表示されていない場合は、スクロールして調整します。
※一覧をポイントすると、設定後のイメージを画面で確認できます。

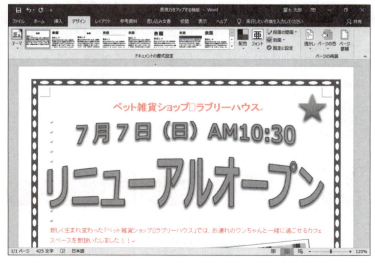

テーマのフォントが変更されます。
※文書に「表現力をアップする機能完成」と名前を付けて、フォルダー「第6章」に保存し、閉じておきましょう。

練習問題

解答 ▶ 別冊P.4

完成図のような文書を作成しましょう。
※設定する項目名が一覧にない場合は、任意の項目を選択してください。

 フォルダー「第6章」の文書「第6章練習問題」を開いておきましょう。

●完成図

新刊のお知らせ

雑誌『GREEN』の人気連載から単行本が発売されます。
秋に向けてアウトドア生活を楽しみたいあなたに最適です！！

■気軽に始めるフライフィッシング — 9月10日発売！

女性にも人気上昇中のフライフィッシング。これから始める方のために、魚の生態はもちろん、釣り場のマナー、釣り方、道具のそろえ方など、初心者がすぐに楽しめる方法をやさしく解説しています。フライフィッシングの世界に飛び込む第一歩に最適な1冊です。

定　　価：1,600円（税抜）
ページ数：176p

■家族でキャンプを楽しもう — 9月20日発売！

家族で安全にキャンプを楽しむためのポイントをイラスト付きで解説しています。キャンプ初心者のお父さんもこの1冊でキャンプの達人に大変身！キャンプ場の選び方から、テントの設置・撤収方法、キャンプ中の楽しい遊びや美味しいアウトドア料理までご紹介しています。

定　　価：1,800円（税抜）
ページ数：192p

＜ご購入のお問合せ先＞

🌏GREEN EARTH 出版　　ダイレクトショップ　03-5432-XXXX

① ワードアートを使って、「**新刊のお知らせ**」というタイトルを挿入しましょう。
また、ワードアートに次の書式を設定しましょう。

ワードアートのスタイル ：塗りつぶし：灰色、アクセントカラー3；面取り（シャープ） 変形　　　　　　　　：下ワープ

② 完成図を参考に、ワードアートのサイズと位置を変更しましょう。

③ フォルダー「**第6章**」の画像「**釣り**」を挿入しましょう。
また、画像に次の書式を設定し、完成図を参考に、位置とサイズを変更しましょう。

文字列の折り返し：四角形 図のスタイル　　：対角を切り取った四角形、白

④ フォルダー「**第6章**」の画像「**キャンプ**」を挿入しましょう。
また、画像に次の書式を設定し、完成図を参考に、位置とサイズを変更しましょう。

文字列の折り返し：四角形 図のスタイル　　：対角を切り取った四角形、白

⑤ 完成図を参考に、「■気軽に始めるフライフィッシング」の右側に「**吹き出し：角を丸めた四角形**」の図形を作成しましょう。
また、図形の中に「**9月10日発売！**」と入力しましょう。

Hint! 吹き出しの先端を移動するには、黄色の○（ハンドル）をドラッグします。

⑥ ⑤で作成した図形を「■**家族でキャンプを楽しもう**」の右側にコピーしましょう。
また、図形の中を「**9月20日発売！**」に修正しましょう。

Hint! 図形をコピーするには、Ctrl を押しながら図形の枠線をドラッグします。

⑦ 次のページ罫線を設定しましょう。

絵柄　　　：〰〰〰〰〰 線の太さ　：14pt

⑧ テーマ「**オーガニック**」を適用しましょう。

※文書に「第6章練習問題完成」と名前を付けて、フォルダー「第6章」に保存し、閉じておきましょう。

第7章

便利な機能

Check	この章で学ぶこと	……………………………………	201
Step1	検索・置換する	……………………………………	202
Step2	PDFファイルを操作する	…………………………………	208
練習問題		……………………………………………………	213

第7章 この章で学ぶこと

学習前に習得すべきポイントを理解しておき、
学習後には確実に習得できたかどうかを振り返りましょう。

1 文書内の単語を検索できる。　→ P.202

2 文書内の単語を別の単語に置換できる。　→ P.205

3 文書をPDFファイルとして保存できる。　→ P.208

4 PDFファイルを開いて、編集できる。　→ P.210

Step 1 検索・置換する

1 検索

「**検索**」を使うと、文書内にある特定の単語や表、図形や画像などを検索できます。特に長文の場合、文書内から特定の単語を探し出すのは手間がかかるため、検索を使って効率よく正確に作業を進めることができます。

検索は、「**ナビゲーションウィンドウ**」を使って行います。ナビゲーションウィンドウを使って検索すると、検索した単語の位置を簡単に把握できます。

文書内の「**エネルギー**」という単語を検索しましょう。

File OPEN　フォルダー「第7章」の文書「便利な機能-1」を開いておきましょう。

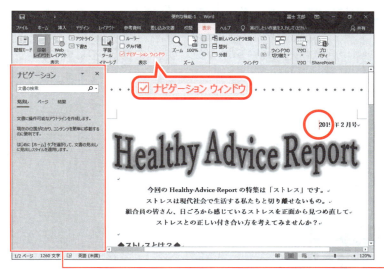

文書の先頭から検索します。

① 文頭にカーソルがあることを確認します。
※文頭にカーソルがない場合は、Ctrl + Home を押します。
②《表示》タブを選択します。
③《表示》グループの《ナビゲーションウィンドウ》を☑にします。
ナビゲーションウィンドウが表示されます。

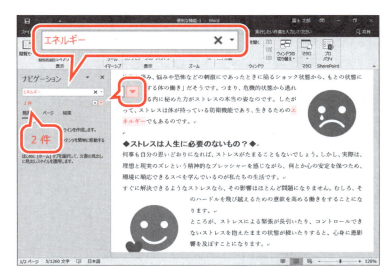

④ 検索ボックスに「**エネルギー**」と入力します。
自動的に検索結果が表示され、文書内の該当する単語に色が付きます。
ナビゲーションウィンドウに、検索結果が《**2件**》と表示されます。
⑤ ▼ をクリックします。

202

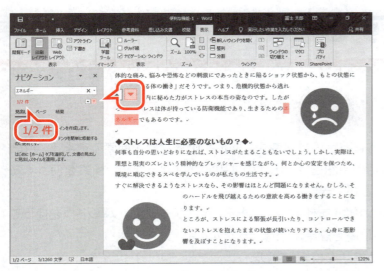

1件目の検索結果が選択されます。
ナビゲーションウィンドウに、検索結果が《1/2件》と表示されます。
2件目の検索結果を確認します。
⑥ ▼ をクリックします。

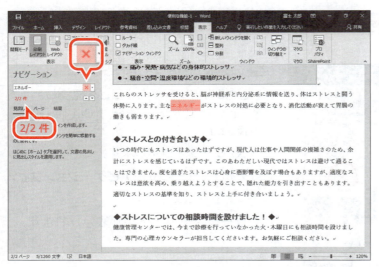

2件目の検索結果が選択されます。
ナビゲーションウィンドウに、検索結果が《2/2件》と表示されます。
検索を終了します。
⑦検索ボックスの × をクリックします。

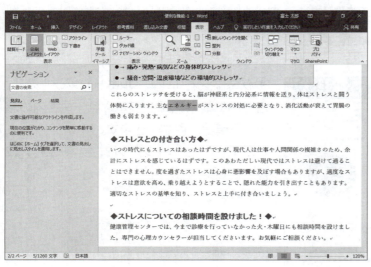

検索が終了します。

> **STEP UP** その他の方法（検索）
> ◆《ホーム》タブ→《編集》グループの （検索）
> ◆ Ctrl + F

STEP UP ナビゲーションウィンドウの検索結果

単語を検索すると、ナビゲーションウィンドウでは、次のように検索結果を確認できます。
初期の設定で、単語を検索した直後は《見出し》が表示されます。

●見出し
見出しが設定されている文書の場合、検索した単語が含まれる見出しに色が付きます。

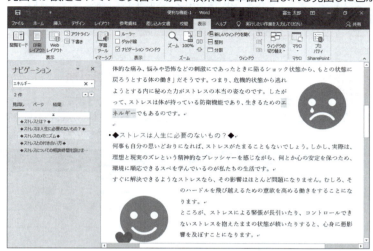

※フォルダー「第7章」の文書「便利な機能-1」には見出しが設定されていないため、ナビゲーションウィンドウに検索結果は表示されません。

●ページ
検索した単語が含まれるページだけが表示されます。

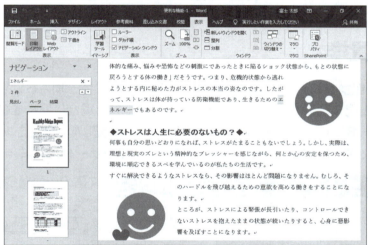

●結果
検索した単語を含む周辺の文章が表示されます。

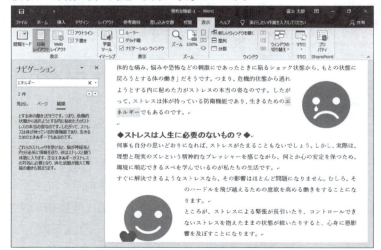

POINT その他の検索

単語だけでなく、表や図形、画像なども検索できます。
表や図形、画像などを検索する方法は、次のとおりです。
◆ナビゲーションウィンドウの 🔍 (さらに検索) をクリック
※ナビゲーションウィンドウの検索ボックスにすでに単語が入力されている場合は、▼ (さらに検索) をクリックします。

STEP UP ナビゲーションウィンドウの幅の調整

ナビゲーションウィンドウの幅は自由に調整できます。
ナビゲーションウィンドウの幅を調整する方法は、次のとおりです。
◆ナビゲーションウィンドウの枠線を左右にドラッグ

2　置換

「**置換**」を使うと、文書内の単語を別の単語に置き換えることができます。文書内のある表現を別の表現に置き換えなければならない場合に置換を使うと便利です。置換では、一度にすべてを置き換えたり、ひとつずつ確認しながら置き換えたりできます。
文書内の「**ストレッサ**」という単語を「**ストレッサー**」に置換しましょう。

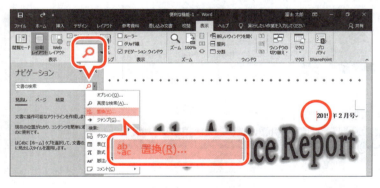

文書の先頭から置換します。
①文頭にカーソルを移動します。
※ Ctrl + Home を押すと、効率よく移動できます。
②ナビゲーションウィンドウの 🔍 (さらに検索) をクリックします。
③《**置換**》をクリックします。

《**検索と置換**》ダイアログボックスが表示されます。
④《**置換**》タブを選択します。
⑤《**検索する文字列**》に「**ストレッサ**」と入力します。
※前回検索した文字が表示されます。
⑥《**置換後の文字列**》に「**ストレッサー**」と入力します。
⑦《**次を検索**》をクリックします。

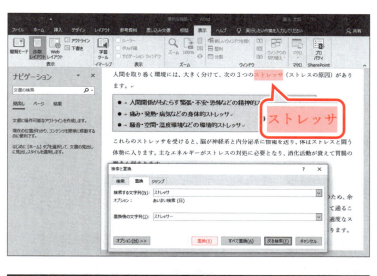

文書内の「**ストレッサ**」が表示されます。
※《検索と置換》ダイアログボックスが重なって確認できない場合は、ダイアログボックスを移動しましょう。
⑧《**置換**》をクリックします。

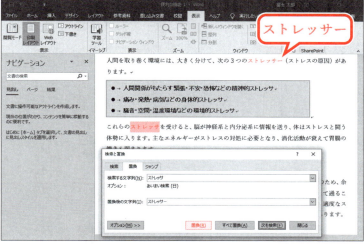

「**ストレッサ**」が「**ストレッサー**」に置換され、次の検索結果が表示されます。
⑨《**置換**》をクリックします。

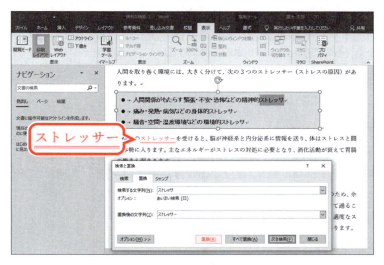

2件目の「**ストレッサ**」が「**ストレッサー**」に置換されます。
⑩同様に、すべての「**ストレッサ**」を「**ストレッサー**」に置換します。
※3個の項目が置換されます。

図のようなメッセージが表示されます。
⑪《**OK**》をクリックします。

206

⑫《閉じる》をクリックします。

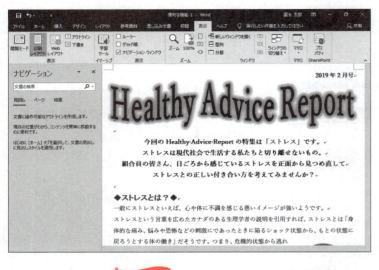

置換が終了します。

※ ✕ (閉じる)をクリックして、ナビゲーションウィンドウを閉じておきましょう。
※ 文書に「便利な機能-1完成」と名前を付けて、フォルダー「第7章」に保存しておきましょう。次の操作のために、文書は開いたままにしておきましょう。

STEP UP その他の方法（置換）

◆《ホーム》タブ→《編集》グループの (置換)
◆ Ctrl + H

POINT すべて置換

《検索と置換》ダイアログボックスの《すべて置換》をクリックすると、文書内の該当する単語がすべて置き換わります。一度の操作で置換できるので便利ですが、事前によく確認してから置換するようにしましょう。

STEP UP 検索と置換のオプション

《検索と置換》ダイアログボックスの《オプション》をクリックすると、半角と全角を区別したり、空白文字を無視したりして検索を実行できます。また、置換では書式も含めて置き換えることができます。

※《半角と全角を区別する》は、《あいまい検索（日）》と《あいまい検索（英）》を □ にすると、選択できます。

Step 2 PDFファイルを操作する

1 PDFファイル

「PDFファイル」とは、パソコンの機種や環境に関わらず、もとのアプリで作成したとおりに正確に表示できるファイル形式です。作成したアプリがなくてもファイルを表示できるので、閲覧用によく利用されています。
Wordでは、保存時にファイルの形式を指定するだけで、PDFファイルを作成できます。

2 PDFファイルとして保存

文書に「**健康アドバイスレポート（配布用）**」と名前を付けて、PDFファイルとしてフォルダー「**第7章**」に保存しましょう。

①《**ファイル**》タブを選択します。

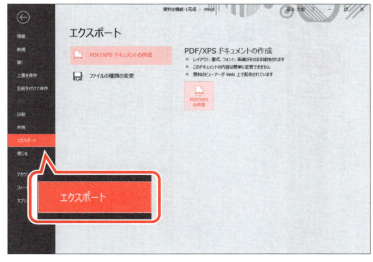

②《**エクスポート**》をクリックします。
③《**PDF/XPSドキュメントの作成**》をクリックします。
④《**PDF/XPSの作成**》をクリックします。

《PDFまたはXPS形式で発行》ダイアログボックスが表示されます。

PDFファイルを保存する場所を指定します。

⑤フォルダー「**第7章**」が開かれていることを確認します。

※「第7章」が開かれていない場合は、《ドキュメント》→「Word2019基礎」→「第7章」を選択します。

⑥《ファイル名》に「**健康アドバイスレポート(配布用)**」と入力します。

⑦《ファイルの種類》が《PDF》になっていることを確認します。

⑧《**発行後にファイルを開く**》を☑にします。

⑨《**発行**》をクリックします。

PDFファイルが作成されます。

《Microsoft Edge》が起動し、PDFファイルが開かれます。

※アプリを選択する画面が表示された場合は、《Microsoft Edge》を選択します。

PDFファイルを閉じます。

⑩ ✕ (閉じる) をクリックします。

※文書「便利な機能-1完成」を閉じておきましょう。

3 PDFファイルの編集

PDFファイルは、Wordで表示したり編集したりできます。PDFファイルをWordで開くと、PDFファイル内のデータを自動的に判別して文字などに変換して表示します。文字だけでなく、画像や表なども認識して変換されるため、Word上で自由に編集することが可能です。

1 PDFファイルを開く

WordでPDFファイル「**便利な機能-2**」を開きましょう。

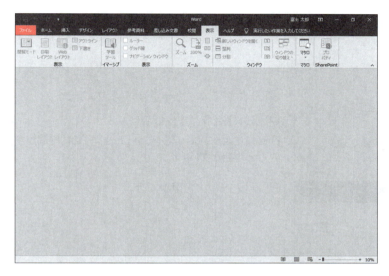

①《**ファイル**》タブを選択します。

②《**開く**》をクリックします。
③《**参照**》をクリックします。

第7章 便利な機能

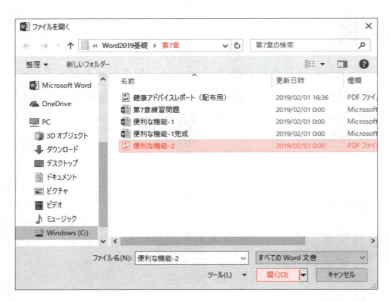

《ファイルを開く》ダイアログボックスが表示されます。

④フォルダー「**第7章**」が開かれていることを確認します。

※「第7章」が開かれていない場合は、《ドキュメント》→「Word2019基礎」→「第7章」を選択します。

開くPDFファイルを選択します。

⑤一覧から「**便利な機能-2**」を選択します。

⑥《**開く**》をクリックします。

図のようなメッセージが表示されます。

⑦《**OK**》をクリックします。

※環境によっては、PDFファイルを開くのに時間がかかる場合があります。

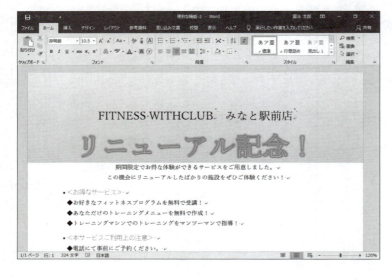

PDFファイルが開かれます。

POINT PDFファイルの表示

PDFファイル内のデータは、Wordで自動的に判別して文字や画像、表などに変換するので、作成したアプリの状態がそのまま表示されない場合があります。ワードアートや図形、表などを使っている場合は、レイアウトが崩れてしまったり、文字として認識されなかったりする場合があります。

2 PDFファイルの編集

「電話にて事前にご予約ください。」の「電話」の後ろに「(045-231-XXXX)」と入力しましょう。

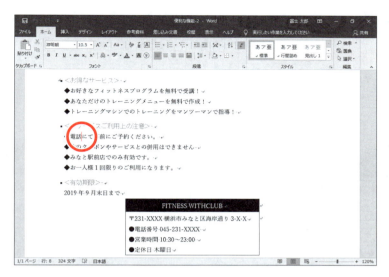

① 「電話」の後ろにカーソルを移動します。

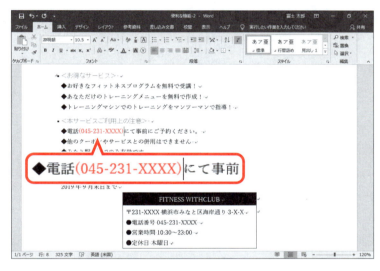

文字を入力します。

② 「(045-231-XXXX)」と入力します。

文字が挿入されます。

※文書に「リニューアル記念（配布用）」と名前を付けて、PDFファイルとしてフォルダー「第7章」に保存しておきましょう。PDFファイルが開かれた場合は、閉じておきましょう。

※文書に「便利な機能-2完成」と名前を付けて、フォルダー「第7章」に保存し、閉じておきましょう。

POINT　Wordで開いたPDFファイルの保存

PDFファイルをWordで開くと、Word 2019のファイル形式で開かれるため、そのまま上書き保存すると、Word文書として保存されます。
PDFファイルとして発行したい場合は、あらためてPDFファイルとして保存する必要があります。

練習問題

解答 ▶ 別冊P.5

完成図のような文書を作成しましょう。

 フォルダー「第7章」の文書「第7章練習問題」を開いておきましょう。

●完成図

ヘルスチェックシート

事前にご記入のうえ、健康診断の受付時にご提出ください。

従業員番号		所　　属	
氏　　名		内線番号	

■最近の健康状態について、「はい」か「いいえ」に印を付けてください。
- 夜、頭が冴えて寝つきが悪い　　□はい　□いいえ
- いびきをかく　　□はい　□いいえ
- 朝、目覚めが悪く頭が重い　　□はい　□いいえ
- 頭がぼんやりする　　□はい　□いいえ
- 立ちくらみやめまいを起こしやすい　　□はい　□いいえ
- 視力がおちた気がする　　□はい　□いいえ
- 食欲がない　　□はい　□いいえ
- 胃がもたれる　　□はい　□いいえ
- イライラしがちである　　□はい　□いいえ
- 肩こりが気になる　　□はい　□いいえ
- 手足が冷えやすい　　□はい　□いいえ
- たばこを吸う　　□はい　□いいえ
- お酒を飲む　　□はい　□いいえ
- 定期的に運動する　　□はい　□いいえ

■現在または過去において、病気やケガにより医師の治療を受けたことがある場合は記入してください。

治療年月：
疾　病　名：
治療の経過：

■その他、健康状態について気になることがあれば記入してください。

---

① 文書内の「Yes」という単語を「はい」に、「No」という単語を「いいえ」に置換しましょう。

② 文書に「**ヘルスチェックシート（配布用）**」と名前を付けて、PDFファイルとしてフォルダー「**第7章**」に保存しましょう。また、保存後、PDFファイルを表示しましょう。

※PDFファイルを閉じておきましょう。
※文書に「**第7章練習問題完成**」と名前を付けて、フォルダー「**第7章**」に保存し、閉じておきましょう。

総合問題

Exercise

総合問題1	215
総合問題2	217
総合問題3	219
総合問題4	221
総合問題5	223
総合問題6	225
総合問題7	227
総合問題8	229
総合問題9	231
総合問題10	233

総合問題1

解答 ▶ 別冊P.6

完成図のような文書を作成しましょう。

●完成図

```
                                              2019年3月22日

   東京カメラ販売株式会社
       新宿店　髙橋　様

                                          青山電子産業株式会社
                                                販売推進部


                        カタログ送付のご案内


   拝啓　春分の季節、貴社いよいよご隆盛のこととお慶び申し上げます。平素は格別のご高配
   を賜り、厚く御礼申し上げます。
       さて、ご請求いただきましたカタログを下記のとおりご送付いたしますので、ご査収のほ
   どよろしくお願い申し上げます。
                                                        敬具

                              記

            <送付内容>
            ①　デジタルカメラ総合カタログ          300部
            ②　デジタル一眼レフＡシリーズカタログ      300部
            ③　コンパクトＬシリーズカタログ         300部
            ④　デジタル一眼レフＡＸリーフレット       500部
            ⑤　コンパクトＬＸリーフレット          500部

                                                        以上

                                                    担当：黒川
```

① Wordを起動し、新しい文書を作成しましょう。

② 次のようにページのレイアウトを設定しましょう。

用紙サイズ	：A4
印刷の向き	：縦
1ページの行数	：30行

③ 次のように文章を入力しましょう。

※文章の入力を省略する場合は、フォルダー「総合問題」の文書「総合問題1」を開きましょう。

Hint! あいさつ文は、《挿入》タブ→《テキスト》グループの （あいさつ文の挿入）を使って入力しましょう。

```
2019年3月22日
東京カメラ販売株式会社
□□□新宿店□髙橋□様
青山電子産業株式会社
販売推進部

カタログ送付のご案内

拝啓□春分の季節、貴社いよいよご隆盛のこととお慶び申し上げます。平素は格別のご高配
を賜り、厚く御礼申し上げます。
□さて、下記のとおりご請求いただきました新シリーズのカタログをご送付いたしますの
で、よろしくお願い申し上げます。
                                                              敬具

                              記

<送付内容>
デジタルカメラ総合カタログ□□□□□□□300部
デジタル一眼レフＡシリーズカタログ□□□□300部
コンパクトＬシリーズカタログ□□□□□□300部
デジタル一眼レフＡＸリーフレット□□□□□500部
コンパクトＬＸリーフレット□□□□□□□500部

                                                              以上


担当：黒川
```

※ ↵で Enter を押して改行します。
※ □は全角空白を表します。
※ 英字は全角で入力します。

④ 発信日付「**2019年3月22日**」と発信者名「**青山電子産業株式会社**」「**販売推進部**」、担当者名「**担当：黒川**」を右揃えにしましょう。

⑤ タイトル「**カタログ送付のご案内**」に次の書式を設定しましょう。

フォント　　　　：MSゴシック	二重下線
フォントサイズ：20ポイント	中央揃え
太字	

⑥ 「**下記のとおり**」を「**…新シリーズのカタログを**」の後ろに移動しましょう。

⑦ 「**新シリーズの**」を削除しましょう。

⑧ 「**…ご送付いたしますので、**」の後ろに「**ご査収のほど**」を挿入しましょう。

⑨ 「**<送付内容>**」の行から「**コンパクトLX…**」で始まる行に7文字分の左インデントを設定しましょう。

⑩ 「**デジタルカメラ…**」で始まる行から「**コンパクトLX…**」で始まる行に「**①②③**」の段落番号を付けましょう。

⑪ 印刷イメージを確認し、1部印刷しましょう。

※文書に「総合問題1完成」と名前を付けて、フォルダー「総合問題」に保存し、閉じておきましょう。

総合問題2

解答 ▶ 別冊P.7

完成図のような文書を作成しましょう。
※設定する項目名が一覧にない場合は、任意の項目を選択してください。

フォルダー「総合問題」の文書「総合問題2」を開いておきましょう。

● 完成図

2019年4月9日

お客様　各位

FOMファニチャー株式会社
代表取締役　青木　宗助

東京ショールーム移転のお知らせ

拝啓　春暖の候、ますますご清祥の段、お慶び申し上げます。平素はひとかたならぬ御愛顧を賜り、厚く御礼申し上げます。
　このたび、東京ショールームを下記のとおり移転することになりました。
　新しいショールームは、お打合せコーナーおよびキッズコーナーを充実させ、落ち着いた雰囲気の中でご相談いただけるようになりました。
　これを機に、スタッフ一同、より質の高いサービスをお客様にご提供していく所存でございます。
　今後とも、より一層の御愛顧を賜りますようお願い申し上げます。

敬具

記

- 営業開始日：2019年5月13日（月）
  ※5月11日（土）までは、旧住所にて営業しております。
  ※5月12日（日）は、勝手ながら臨時休館とさせていただきます。
- 新住所　　：〒100-0005　東京都千代田区丸の内3-X-X　FOMビル1F
- 新電話番号：03-3847-XXXX
- 最寄り駅　：

駅名	路線名	出口	所要時間
二重橋前駅	東京メトロ千代田線	1番出口	徒歩4分
日比谷駅	都営三田線	B7出口	
有楽町駅	JR山手線	国際フォーラム口	

以上

① 「FOMファニチャー株式会社」の下の行に「代表取締役□青木□宗助」と入力しましょう。
※□は全角空白を表します。

② 発信日付「2019年4月9日」と発信者名「FOMファニチャー株式会社」「代表取締役 青木　宗助」を右揃えにしましょう。

③ タイトル「東京ショールーム移転のお知らせ」に、次の書式を設定しましょう。

フォントサイズ：14ポイント
中央揃え

---

④ 「営業開始日…」で始まる行、「新住所…」で始まる行から「最寄り駅　：」までの行に2文字分の左インデントを設定しましょう。

⑤ 「営業開始日…」で始まる行、「新住所…」で始まる行から「最寄り駅　：」までの行に「■」の行頭文字を付けましょう。

⑥ 「※5月11日(土)までは…」で始まる行から「※5月12日(日)は…」で始まる行に10文字分の左インデントを設定しましょう。

⑦ 「最寄り駅　：」の下の行に4行4列の表を作成しましょう。
また、次のように表に文字を入力しましょう。

駅名	路線名	出口	所要時間
二重橋前駅	東京メトロ千代田線	1番出口	徒歩4分
日比谷駅	都営三田線	B7出口	
有楽町駅	JR山手線	国際フォーラム口	

⑧ 表の2～4行4列目のセルを結合しましょう。

⑨ 表全体の列幅をセル内の最長のデータに合わせて、自動調整しましょう。
また、完成図を参考に、表のサイズを縦方向に拡大しましょう。

⑩ 表の1行目の文字をセル内で「中央揃え」に設定しましょう。
また、それ以外の文字をセル内で「両端揃え(中央)」に設定しましょう。

⑪ 表の1行目に「白、背景1、黒+基本色25％」の塗りつぶしを設定しましょう。

⑫ 表の1行目の下側の罫線の太さを「1.5pt」に変更しましょう。

⑬ 表全体を行の中央に配置しましょう。

※文書に「総合問題2完成」と名前を付けて、フォルダー「総合問題」に保存し、閉じておきましょう。

総合問題3

解答 ▶ 別冊P.8

完成図のような文書を作成しましょう。
※設定する項目名が一覧にない場合は、任意の項目を選択してください。

 フォルダー「総合問題」の文書「総合問題3」を開いておきましょう。

●完成図

2019年4月4日

社員　各位

総務部人事課長

2019年度　春のテニス大会のお知らせ

毎年、恒例となりました春のテニス大会を下記のとおり開催します。
テニス大会も今年で10回目となりました。社員間の親睦を図り、また、日ごろの運動不足を解消して今期への活力としましょう。みなさん、奮ってご参加ください。

記

1. 日　　時　　2019年5月25日（土）午前9時～午後4時
2. 場　　所　　みなと運動公園　テニスコート
3. 種　　目　　チーム戦（男子・女子・ミックスダブルス　各1ペア）
4. 試合方法　　総当りリーグ戦
5. 申込方法　　参加申込書に必要事項を記入のうえ、担当宛に提出してください。
　　　　　　　※1チーム6名（男女各3名）で申し込んでください。
　　　　　　　　チームは同期や部署内で自由に編成してかまいません。
6. 申込期限　　2019年4月26日（金）

以上

担当：白川（内線：XXXX）

参加申込書

●チーム名：＿＿＿＿＿＿＿＿＿＿＿＿＿＿＿＿＿＿＿

※代表者の番号に〇を付けてください。

	氏名	社員番号	部署名	E-Mail	性別
1					
2					
3					
4					
5					
6					

① 次のようにページのレイアウトを設定しましょう。

```
用紙サイズ　：A4
印刷の向き　：縦
余白　　　　：上 25mm　下 20mm
```

② 「日　　時」「場　　所」「種　　目」「試合方法」「申込方法」「申込期限」の文字に次の書式を設定しましょう。

```
斜体
一重下線
```

③ 「日　　時…」で始まる行から「申込方法…」で始まる行、「申込期限…」で始まる行に「1.2.3.」の段落番号を付けましょう。

④ 「※1チーム6名…」で始まる行から「チームは同期や部署内で…」で始まる行に9文字分の左インデントを設定しましょう。

⑤ 完成図を参考に、「担当：白川（内線：XXXX）」の下の行に段落罫線を引きましょう。

⑥ 文末に7行6列の表を作成しましょう。
また、次のように表に文字を入力しましょう。

	氏名	社員番号	部署名	E-Mail	性別
1					
2					
3					
4					
5					
6					

⑦ 完成図を参考に、表全体の列幅を変更しましょう。

⑧ 表にスタイル「グリッド（表）6カラフル-アクセント6」を適用しましょう。
また、行方向の縞模様を解除しましょう。

⑨ 表の1行目に「緑、アクセント6、白+基本色80％」の塗りつぶしを設定しましょう。

⑩ 表の1行目と1列目の文字をセル内で「上揃え（中央）」に設定しましょう。

※文書に「総合問題3完成」と名前を付けて、フォルダー「総合問題」に保存し、閉じておきましょう。

総合問題4

解答 ▶ 別冊P.9

完成図のような文書を作成しましょう。
※設定する項目名が一覧にない場合は、任意の項目を選択してください。

フォルダー「総合問題」の文書「総合問題4」を開いておきましょう。

●完成図

記入日： 年 月 日

受講報告書

社外講習会を受講いたしましたので、以下のとおりご報告いたします。

■受講者

所　　属			
氏　　名		社員番号	
内線番号		メールアドレス	

■受講内容

講習会名		主催元	
受講期間	年　月　日　～		年　月　日
受講理由			
受講内容			
所　　感			

＜押印欄＞

人材開発部	所属長	受講者

※所属長へ報告後、2週間以内にメールまたはFAXにて人材開発部宛に提出してください。

① 「■受講者」の下の行に3行4列の表を作成しましょう。
また、次のように表に文字を入力しましょう。

所属			
氏名		社員番号	
内線番号		メールアドレス	

② 「■受講者」の表の1行2～4列目のセルを結合しましょう。

③ 完成図を参考に、「■受講者」の表の1列目と3列目の列幅を変更しましょう。

④ 「■受講者」の表の1列目と3列目の文字をセル内で均等に割り付けましょう。

⑤ 「■受講者」の表の1列目と3列目に「白、背景1、黒+基本色25%」の塗りつぶしを設定しましょう。

⑥ 「■受講内容」の表の1行2列目のセルを3つに分割しましょう。
また、分割した1行3列目のセルに「主催元」と入力しましょう。

⑦ 完成図を参考に、「■受講内容」の表の1行3列目の列幅を変更しましょう。
また、1行3列目のセルに「白、背景1、黒+基本色25%」の塗りつぶしを設定し、文字をセル内で均等に割り付けましょう。

⑧ 「■受講内容」の表の「受講費用」の行の下に1行挿入しましょう。
また、挿入した行の1列目のセルに「受講理由」と入力しましょう。

⑨ 「■受講内容」の表の「受講費用」の行を削除しましょう。

⑩ 完成図を参考に、「■受講内容」の表の「受講内容」と「所感」の下の行の高さを高くしましょう。

⑪ 「＜押印欄＞」の表の2列目を削除しましょう。

⑫ 「＜押印欄＞」の表全体を行の右端に配置しましょう。
また、「＜押印欄＞」の文字と表の開始位置がそろうように「＜押印欄＞」の行に適切な文字数分の左インデントを設定しましょう。

⑬ 「■受講者」と「■受講内容」の表の外枠の罫線の太さを「2.25pt」に変更しましょう。

※文書に「総合問題4完成」と名前を付けて、フォルダー「総合問題」に保存し、閉じておきましょう。

総合問題5

解答 ▶ 別冊P.10

完成図のような文書を作成しましょう。
※設定する項目名が一覧にない場合は、任意の項目を選択してください。

フォルダー「総合問題」の文書「総合問題5」を開いておきましょう。

●完成図

2019年夏号

みなと市防犯ニュース

あなたの家は大丈夫？〜住まいの防犯対策〜
最近、空き巣が増えています。盗みに入って家人に見つかり、居直り強盗に変身するなんて怖いケースも報じられています。わずかな油断から大切な財産を失い、命を危険にさらしては大変です。今からでも遅くありません。防犯を意識して対策を講じましょう。

まずは、被害に遭った方の話をご紹介します。

1件目は帰宅時間を調べての犯行です。被害者宅はマンションの3階です。犯人は隣接するマンションの通路からベランダに飛び移り、窓ガラスを割って侵入しました。当時、被害者は毎晩11時頃に帰宅しており、警察では帰宅時間を調べられての犯行だろうとの見解でした。

2件目は明かりがなかったことによる犯行です。被害者はマンションの駐車場から新車を盗まれました。マンションの駐車場は、常に門が開いており、誰でも出入りできる状態でした。明かりは利用者が必要時に点ける習慣になっており、夜中は明かりが点いていないことがほとんどだったそうです。

3件目は工事の騒音に紛れての犯行です。被害者宅は8階建てマンションの7階です。犯人は「サムターン回し」という手口により玄関扉を破壊して侵入しました。サムターン回しとは、扉や周辺のガラスを破壊し、手や器具を差し入れてドアの内側にあるツマミ（サムターン）を回して開錠する手口です。警察では、8階は全戸二重ロックであったため7階が狙われたのだろう、また、隣のマンションが外装工事中で誰も不審な物音に気付かなかったのだろうとの見解でした。

犯人は資産家だけでなく、一般家庭も狙います。住宅侵入は意外に朝や昼が多く、わずか10分でも犯行は可能です。侵入に5分かかれば約7割が、10分かかれば大部分があきらめるといいます。防犯対策のひとつとして、侵入を許さない家づくりを心掛けましょう。

市民防犯講演会を開催します！
「自主防犯活動の効果的な方法と防犯に役立つ情報」をテーマに、防犯アドバイザーの田村　健吾氏をお招きして、市民防犯講演会を開催します。
みなさんの参加をお待ちしております。
➢ 日時
8月26日（月）　午後6時〜8時（開場：午後5時30分）
➢ 場所
みなと市文化会館　小ホール（みなと市桜町1-X-X）
➢ お問合せ窓口
みなと市危機管理課
電話）04X-334-XXXX　FAX）04X-334-YYYY

発行元：みなと市危機管理課

① 次のようにページのレイアウトを設定しましょう。

```
用紙サイズ    ：A4
印刷の向き    ：縦
余白         ：上左右 20mm　下 15mm
```

② ワードアートを使って、「**みなと市防犯ニュース**」というタイトルを挿入しましょう。
ワードアートのスタイルは「**塗りつぶし：オレンジ、アクセントカラー2；輪郭：オレンジ、アクセントカラー2**」にします。

③ ワードアートのフォントを「**Meiryo UI**」、フォントサイズを「**48ポイント**」に設定しましょう。
また、完成図を参考に、ワードアートの位置を変更しましょう。

④ 「**あなたの家は大丈夫?～住まいの防犯対策～**」に次の書式を設定しましょう。

```
フォント        ：MSゴシック
フォントサイズ   ：12ポイント
文字の色       ：青
文字の影       ：オフセット：右下
```

⑤ ④で設定した書式を「**市民防犯講演会を開催します！**」にコピーしましょう。

⑥ 「**1件目は…**」「**2件目は…**」「**3件目は…**」で始まる段落の先頭文字に、次のようにドロップキャップを設定しましょう。

```
位置              ：本文内に表示
ドロップする行数   ：2
```

⑦ 「日時」「場所」「お問合せ窓口」のフォントを「**MSゴシック**」に設定しましょう。

⑧ 「日時」「場所」「お問合せ窓口」の行に「➢」の行頭文字を付けましょう。

⑨ 「**8月26日（月）…**」で始まる行、「**みなと市文化会館…**」で始まる行、「**みなと市危機管理課**」から「**電話）04X-334-XXXX…**」で始まる行に2文字分の左インデントを設定しましょう。

⑩ 「日時」から「**電話）04X-334-XXXX…**」で始まる行の行間を現在の1.15倍に変更しましょう。

※文書に「総合問題5完成」と名前を付けて、フォルダー「総合問題」に保存し、閉じておきましょう。

総合問題6

解答 ▶ 別冊P.11

完成図のような文書を作成しましょう。
※設定する項目名が一覧にない場合は、任意の項目を選択してください。

フォルダー「総合問題」の文書「総合問題6」を開いておきましょう。

●完成図

① 「みなと市防犯ニュース」の段落に次の段落罫線を設定しましょう。

```
種類    ：段落の上 ━━━━━
        段落の下 ━━━━━
色      ：ゴールド、アクセント4
線の太さ：4.5pt
```

② 完成図を参考に、「みなと市防犯ニュース」の右側に「太陽」の図形を作成しましょう。
   また、図形にスタイル「塗りつぶし-オレンジ、アクセント2」を適用しましょう。

③ 「あなたの家は大丈夫？～住まいの防犯対策～」に次の書式を設定しましょう。

```
フォントサイズ：12ポイント
文字の効果    ：塗りつぶし：青、アクセントカラー1；影
太字
```

④ ③で設定した書式を「市民防犯講演会を開催します！」「防犯活動リーダー養成講座　受講者募集！」「街頭防犯カメラの設置について」にコピーしましょう。

⑤ 「防犯活動リーダー養成講座　受講者募集！」の行が2ページ目の先頭になるように、改ページを挿入しましょう。

⑥ 「8月27日(火)は、みなと市文化会館　小ホールになります。」の行の先頭に「注」の囲い文字を挿入しましょう。囲い文字は外枠のサイズを合わせます。

⑦ 「①電話・FAXでのお申し込み」の後ろの「電話) 04X-334-XXXX…」、「②窓口でのお申し込み」の後ろの「みなと市役所3階危機管理課」と「または、みなと駅前支所総務課防犯担当」を約22字の位置にそろえましょう。

⑧ 「講座プログラム」と「開催日程」の表にスタイル「グリッド(表)5濃色-アクセント4」を適用しましょう。
   また、行方向の縞模様と1列目の強調を解除しましょう。

⑨ 「講座プログラム」と「開催日程」の表全体を行の中央に配置しましょう。

⑩ 文書内の「27日(火)」を「26日(月)」に一度に置換しましょう。

⑪ ページの下部に「太字の番号2」のページ番号を追加しましょう。
   また、ページ番号を下から「5mm」の位置に設定しましょう。

   Hint! ページ番号の位置は、《ヘッダー/フッターツール》の《デザイン》タブ→《位置》グループの □ (下からのフッター位置)で設定します。

※文書に「総合問題6完成」と名前を付けて、フォルダー「総合問題」に保存し、閉じておきましょう。

総合問題7

解答 ▶ 別冊P.13

完成図のような文書を作成しましょう。
※設定する項目名が一覧にない場合は、任意の項目を選択してください。

フォルダー「総合問題」の文書「総合問題7」を開いておきましょう。

●完成図

Piano & Lunch

海側のテラス席にさわやかなメロディが響く。
美しい調べを聴きながら優雅なランチはいかがでしょうか？
美味しい料理と心地よいピアノの音色に癒されて、
心やすらぐランチタイムをお届けします。

- ◆ 期　　間　　2019年10月2日（水）～7日（月）
- ◆ 時　　間　　午前11時30分～午後2時30分
- ◆ コース・料金　アンサンブル：2,000円
　　　　　　　　コンチェルト：3,000円
　　　　　　　　（サービス料・税込）
- ◆ 演 奏 者　　音田　奏

┃┃コース内容

♪アンサンブル	♪コンチェルト
本日のスープ	本日のスープ
シェフおすすめオードブル	シェフおすすめオードブル
全粒粉を使った手づくりパン	グリーンサラダ
白身魚と彩り野菜のグリル	全粒粉を使った手づくりパン
コーヒー	チキンのグリル
小菓子	コーヒー
	本日のドルチェ
・・・全6品	・・・全7品

┃┃ご予約・お問い合わせ

レストラン・SEAGULL
（シーガル）

営業時間：午前10時～午後11時（火曜日定休）
住　　所：神戸市中央区波止場町X-X
電　　話：078-333-XXXX

① ワードアートを使って、「Piano_&_Lunch」というタイトルを挿入しましょう。
ワードアートのスタイルは「塗りつぶし：青、アクセントカラー1；影」にします。
※_は半角空白を表します。

② ワードアートの形状を「凹レンズ：下」に変形しましょう。

③ ワードアートの文字列の折り返しを「背面」に設定しましょう。
また、完成図を参考に、ワードアートのサイズと位置を変更しましょう。

④ 「期間」「時間」「コース・料金」「演奏者」を5文字分の幅に均等に割り付けましょう。

⑤ 「2019年10月…」「午前11時30分…」「アンサンブル：2,000円」「コンチェルト：3,000円」「（サービス料・税込）」「音田　奏」を約10字の位置にそろえましょう。

⑥ フォルダー「総合問題」の画像「ピアノ」を挿入しましょう。

⑦ 画像の文字列の折り返しを「背面」に設定しましょう。
また、完成図を参考に、画像の位置とサイズを変更しましょう。

⑧ 「♪アンサンブル」から「…全7品」までの文章を2段組みにしましょう。

⑨ 「♪アンサンブル」、「♪コンチェルト」、「レストラン・SEAGULL」から「電　話：078-333-XXXX」までの行に文字の効果「塗りつぶし：灰色、アクセントカラー3；面取り（シャープ）」を設定しましょう。

⑩ 「SEAGULL」の文字全体に「シーガル」とルビを付けましょう。

⑪ 次のようにページ罫線を設定しましょう。

```
絵柄    ：■ ■ ■ ■ ■
色      ：青、アクセント1
線の太さ：12pt
```

⑫ テーマの色を「赤味がかったオレンジ」に変更しましょう。

Hint! テーマの色は、《デザイン》タブ→《ドキュメントの書式設定》グループの （テーマの色）で設定します。

※文書に「総合問題7完成」と名前を付けて、フォルダー「総合問題」に保存し、閉じておきましょう。

総合問題8

解答 ▶ 別冊P.14

完成図のような文書を作成しましょう。
※設定する項目名が一覧にない場合は、任意の項目を選択してください。

フォルダー「総合問題」の文書「総合問題8」を開いておきましょう。

●完成図

Florist FOM
母の日特別ギフトのご案内

5月第2日曜日は『母の日』です。
日ごろの感謝の気持ちを込めてお花を贈りませんか？
Florist FOMでは、ご予約のお客様限定のフラワーギフトをご用意いたしました。

◆　商品案内

商品番号①：カーネーション鉢植え
レッド／ピンク／イエローの3色からお選びいただけます。ご注文時にご指定ください。
高さ：約30cm
商品価格：3,000円（税込）
特別販売価格：2,700円（税込）

商品番号②：寄せ植え
ミニバラ、ガーベラ、アイビーの寄せ植えです。
お花の色は当店にお任せください。
高さ：約20cm
商品価格：4,000円（税込）
特別販売価格：3,600円（税込）

◆　特典

・特別販売価格（商品価格の10%OFF）にてご提供
・オリジナルカード、ラッピング、鉢カバー、人形のピックをプレゼント
・長く楽しむためのお手入れBOOKをプレゼント

◆　お届け期間：2019年5月10日（金）～12日（日）

◆　お申込み方法

申込用紙に必要事項をご記入のうえ、4月22日（月）までにお申し込みください。

◆　お問合せ先

Florist FOM　担当：高梨（TEL：0120-333-XXX）

① テーマ「**ギャラリー**」を適用しましょう。

② ワードアートを使って、「**母の日特別ギフトのご案内**」というタイトルを挿入しましょう。
ワードアートのスタイルは「**塗りつぶし：白；輪郭：ピンク、アクセントカラー2；影（ぼかしなし）：ピンク、アクセントカラー2**」にします。

③ 次のようにワードアートの文字の効果を変更しましょう。

| 光彩 ：光彩：5pt；ピンク、アクセントカラー2 |
| 変形 ：凹レンズ |

④ 完成図を参考に、ワードアートのサイズと位置を変更しましょう。

⑤ 完成図を参考に、タイトル「**母の日特別ギフトのご案内**」の背面に「**正方形/長方形**」の図形を作成しましょう。
また、図形にスタイル「**パステル-ラベンダー、アクセント3**」を適用しましょう。

Hint! 文字列の折り返しを設定するには、《書式》タブ→《配置》グループの [文字列の折り返し] （文字列の折り返し）を使います。

⑥ 「**商品案内**」「**特典**」「**お届け期間…**」「**お申込み方法**」「**お問合せ先**」の行に「**◆**」の行頭文字を付けましょう。

⑦ 「**商品案内**」の行に次の書式を設定しましょう。

| フォントサイズ ：14ポイント |
| 文字の効果　　 ：塗りつぶし：赤、アクセントカラー1；影 |

⑧ ⑦で設定した書式を「**特典**」「**お届け期間…**」「**お申込み方法**」「**お問合せ先**」の行にコピーしましょう。

⑨ 「・特別販売価格…」で始まる行から「・長く楽しむための…」で始まる行、「**申込用紙に…**」で始まる行、「**Florist FOM　担当…**」で始まる行に2文字分の左インデントを設定しましょう。

⑩ フォルダー「**総合問題**」の画像「**カーネーション**」と「**寄せ植え**」を挿入しましょう。
また、2つの画像に次の書式を設定し、完成図を参考に、位置とサイズを変更しましょう。

| 文字列の折り返し：四角形 |
| 図のスタイル　　 ：四角形、面取り |

※文書に「**総合問題8完成**」と名前を付けて、フォルダー「**総合問題**」に保存し、閉じておきましょう。

総合問題9

解答 ▶ 別冊P.15

完成図のような文書を作成しましょう。
※設定する項目名が一覧にない場合は、任意の項目を選択してください。

フォルダー「総合問題」の文書「総合問題9」を開いておきましょう。

●完成図

① 「■母の日特別ギフト　申込用紙■」の行が2ページ目の先頭になるように、改ページを挿入しましょう。

② 2ページ目の「お届け先①」の下の行に4行3列の表を作成しましょう。
また、次のように表に文字を入力しましょう。

〒	商品番号	
	商品名	
電話番号	特別販売価格	円
様		

③ 表の1～2行1列目のセルと4行1～3列目のセルを結合しましょう。

④ 完成図を参考に、表の列幅と行の高さを変更しましょう。

⑤ 表の「円」と「様」の文字をセル内で「中央揃え(右)」に設定しましょう。

⑥ 表の1～3行2列目の文字をセル内で均等に割り付けましょう。また、表の1～3行2列目に「ピンク、アクセント2、白+基本色60%」の塗りつぶしを設定しましょう。

⑦ 「お届け先①」の表をコピーして「お届け先②」「お届け先③」の下の行に表を作成しましょう。

⑧ 「お届け先③」の表の2行下に3行4列の表を作成しましょう。
また、次のように表に文字を入力しましょう。

ご依頼主	様	ご住所	
		電話番号	
		メールアドレス	

⑨ 「ご依頼主」の表の1列目と2列目のセルをそれぞれ結合しましょう。

⑩ 完成図を参考に、「ご依頼主」の表の列幅を変更し、行の高さをそろえましょう。

Hint! 行の高さをそろえるには、《表ツール》の《レイアウト》タブ→《セルのサイズ》グループの ▦ (高さを揃える)を使います。

⑪ 「ご依頼主」の表の2列目の「様」の文字をセル内で「下揃え(右)」、3列目の文字をセル内で「中央揃え」に設定しましょう。

⑫ 「ご依頼主」の表の3列目の文字をセル内で均等に割り付けましょう。また、「ご依頼主」の表の1列目と3列目に「ピンク、アクセント2、白+基本色60%」の塗りつぶしを設定しましょう。

⑬ 完成図を参考に、「<Florist FOM使用欄>」の表のサイズを変更し、表全体を行の右端に配置しましょう。

⑭ 文書に「特別ギフトのご案内(配布用)」と名前を付けて、PDFファイルとしてフォルダー「総合問題」に保存しましょう。また、保存後、PDFファイルを表示しましょう。

※PDFファイルを閉じておきましょう。
※文書に「総合問題9完成」と名前を付けて、フォルダー「総合問題」に保存し、閉じておきましょう。

総合問題10

解答 ▶ 別冊P.17

完成図のような文書を作成しましょう。
※設定する項目名が一覧にない場合は、任意の項目を選択してください。

フォルダー「総合問題」の文書「総合問題10」を開いておきましょう。

●完成図

① テーマの色を「赤」、テーマのフォントを「Arial」に変更しましょう。

Hint! テーマの色は、《デザイン》タブ→《ドキュメントの書式設定》グループの (テーマの色) で設定します。

② 次の各文字に書式を設定しましょう。

文字	フォントサイズ	文字の効果
Roseクッキングスクール（1行目）	36ポイント	塗りつぶし：白；輪郭：オレンジ、アクセントカラー2；影（ぼかしなし）：オレンジ、アクセントカラー2
"少人数で・ゆっくり…目指しています。	12ポイント	塗りつぶし：白；輪郭：オレンジ、アクセントカラー2；影（ぼかしなし）：オレンジ、アクセントカラー2
■基礎クラス■	16ポイント	塗りつぶし：黒、文字色1；輪郭：白、背景色1；影（ぼかしなし）：白、背景色1
※四季クラス・デザートクラス…ご受講ください。	8ポイント	
Roseクッキングスクール（下から2行目）	18ポイント	塗りつぶし：オレンジ、アクセントカラー2；輪郭：オレンジ、アクセントカラー2
札幌市中央区北一条西X-X　緑ビル2F	12ポイント	
TEL&FAX　011-210-XXXX	12ポイント	

③ 「■基礎クラス■」に設定した書式を次の文字にコピーしましょう。

■専科クラス■
■四季クラス■
■デザートクラス■
■英語でクッキング■
◆今月のレッスンスケジュール（2019年8月）◆

④ 「■基礎クラス■」から「…**英会話がレッスンできるコースです。**」の行までの文章を2段組みにしましょう。
また、「■**デザートクラス**■」から始まる行が2段目の先頭になるように、段区切りを挿入しましょう。

⑤ 「◆今月のレッスンスケジュール（2019年8月）◆」の表にスタイル「**グリッド（表）5濃色-アクセント4**」を適用しましょう。

⑥ 完成図を参考に、「◆今月のレッスンスケジュール（2019年8月）◆」の表の空欄のセルに右下がりの斜め罫線を引きましょう。罫線の色は「**白、背景1**」にします。

Hint! 右下がりの斜め罫線は、《表ツール》の《デザイン》タブ→《飾り枠》グループの (罫線) の → 《斜め罫線（右下がり）》を使います。

⑦ 「◆今月のレッスンスケジュール（2019年8月）◆」の表内のすべての文字をセル内で「**中央揃え**」に設定しましょう。

⑧ 「◆今月のレッスンスケジュール（2019年8月）◆」の表全体を行の中央に配置しましょう。

⑨ フォルダー「**総合問題**」の画像「**バラ**」を挿入しましょう。

⑩ 画像の文字列の折り返しを「**背面**」に設定しましょう。
また、画像にスタイル「**四角形、右下方向の影付き**」を適用しましょう。

⑪ 完成図を参考に、画像の位置とサイズを変更しましょう。

※文書に「総合問題10完成」と名前を付けて、フォルダー「総合問題」に保存し、閉じておきましょう。

付 録

Word 2019の新機能

Step1	アイコンを挿入する	237
Step2	3Dモデルを挿入する	245
Step3	インクを図形に変換する	249

Step 1 アイコンを挿入する

1 アイコン

Word 2019には、文書の視覚効果を高めることができる「**アイコン**」が用意されています。
アイコンは、「**人物**」や「**ビジネス**」、「**顔**」、「**動物**」などの豊富な種類から選択できます。
挿入したアイコンは、色を変更したり効果を適用したりして、目的に合わせて自由に編集できるので、文書にアクセントを付けることができます。
アイコンは、ExcelやPowerPointと共通の機能です。

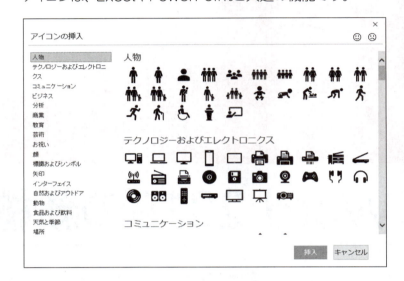

2 アイコンの挿入

タイトルの左側にアイコンを挿入しましょう。

 フォルダー「付録」の文書「Word2019の新機能-1」を開いておきましょう。

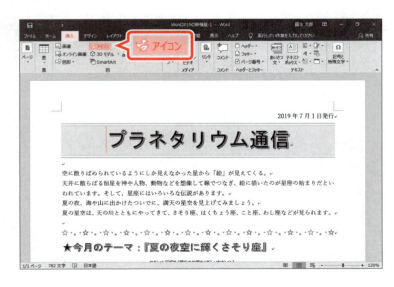

アイコンを挿入する位置を指定します。
① 「プラネタリウム通信」の行頭にカーソルを移動します。
② 《**挿入**》タブを選択します。
③ 《**図**》グループの （アイコンの挿入）をクリックします。

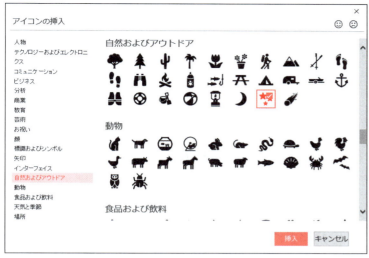

《**アイコンの挿入**》ダイアログボックスが表示されます。

④左側の一覧から《**自然およびアウトドア**》を選択します。

《**自然およびアウトドア**》のアイコンが表示されます。

⑤図のアイコンをクリックします。

アイコンをクリックすると、アイコンに が表示されます。

⑥《**挿入**》をクリックします。

アイコンが挿入されます。

アイコンの右側に（レイアウトオプション）が表示され、リボンに《**グラフィックツール**》の《**書式**》タブが表示されます。

⑦アイコンの周囲に○（ハンドル）が表示され、アイコンが選択されていることを確認します。

アイコンの選択を解除します。

⑧アイコン以外の場所をクリックします。

アイコンの選択が解除されます。

> 🖑 **POINT** 《グラフィックツール》の《書式》タブ
>
> アイコンが選択されているとき、リボンに《グラフィックツール》の《書式》タブが表示され、アイコンの書式に関するコマンドが使用できる状態になります。

> 🖑 **POINT** アイコンの削除
>
> アイコンを削除する方法は、次のとおりです。
> ◆アイコンを選択→ Delete

> **STEP UP 複数のアイコンの挿入**
>
> 複数のアイコンを一度に挿入するには、挿入するアイコンを続けてクリックします。挿入したいアイコンすべてに✓が表示されたことを確認してから《挿入》をクリックします。

3 アイコンの書式設定

アイコンは図形と同じように、色を変更したり効果を設定したりできます。
挿入したアイコンに次の書式を設定しましょう。

グラフィックのスタイル	: 塗りつぶし-アクセント4、枠線のみ-濃色1
枠線の色	: オレンジ、アクセント2
枠線の太さ	: 1.5pt

※設定する項目名が一覧にない場合は、任意の項目を選択してください。

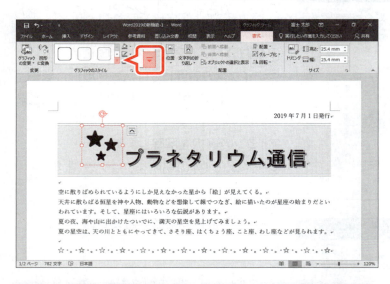

①アイコンをクリックします。
アイコンが選択されます。
※アイコンの周囲に〇（ハンドル）が表示されます。
②《書式》タブを選択します。
③《グラフィックのスタイル》グループの（その他）をクリックします。

④《標準スタイル》の《塗りつぶし-アクセント4、枠線のみ-濃色1》をクリックします。
※一覧をポイントすると、設定後のイメージを画面で確認できます。

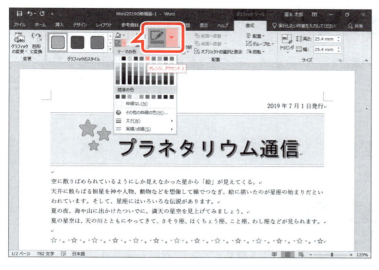

アイコンのスタイルが適用されます。

⑤《グラフィックのスタイル》グループの
（グラフィックの枠線）の ▼ をクリックします。

⑥《テーマの色》の《オレンジ、アクセント2》をクリックします。

※一覧をポイントすると、設定後のイメージを画面で確認できます。

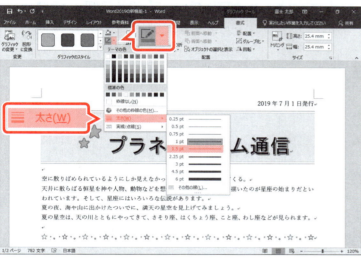

枠線の色が変更されます。

⑦《グラフィックのスタイル》グループの
（グラフィックの枠線）の ▼ をクリックします。

⑧《太さ》をポイントします。

⑨《1.5pt》をクリックします。

※一覧をポイントすると、設定後のイメージを画面で確認できます。

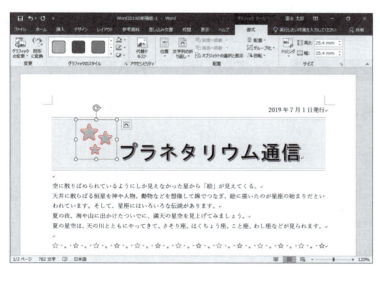

枠線が太くなります。

4 アイコンを図形に変換

アイコンはひとつの図として認識されているため、アイコンを構成している図形それぞれに異なる色や効果を設定したり、大きさや場所を変更したりすることはできません。それぞれの図形を編集するには、アイコンを図形に変換します。

1 アイコンを図形に変換

挿入したアイコンを図形に変換しましょう。

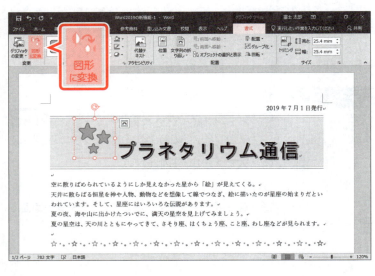

①アイコンが選択されていることを確認します。
②《書式》タブを選択します。
③《変更》グループの (図形に変換)をクリックします。

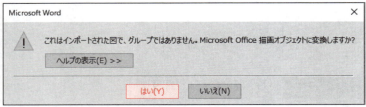

図のようなメッセージが表示されます。
④《はい》をクリックします。

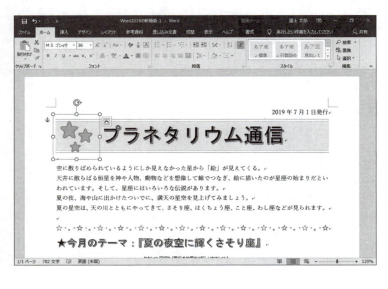

アイコンが図形に変換されます。
※図形に変換すると、《グラフィックツール》の《書式》タブが《描画ツール》の《書式タブ》に変更されます。

2 図形の色の設定

図形内の一番右の星の図形に色「**オレンジ、アクセント2**」、グラデーション「**上方向**」を設定しましょう。

①一番右の星の図形をクリックします。

星の図形の周囲に〇（ハンドル）が表示されます。

※図形が小さい場合、図形の下に ✥（移動ハンドル）が表示されます。

②《**書式**》タブを選択します。

③《**図形のスタイル**》グループの （図形の塗りつぶし）の をクリックします。

④《**テーマの色**》の《**オレンジ、アクセント2**》をクリックします。

※一覧をポイントすると、設定後のイメージを画面で確認できます。

図形の色が変更されます。

⑤《**図形のスタイル**》グループの （図形の塗りつぶし）の をクリックします。

⑥《**グラデーション**》をポイントします。

⑦《**淡色のバリエーション**》の《**上方向**》をクリックします。

※一覧をポイントすると、設定後のイメージを画面で確認できます。

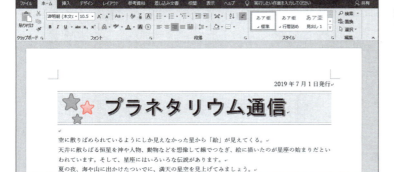

グラデーションが設定されます。

※選択を解除し、グラデーションが設定されていることを確認しましょう。

3 図形の移動

図形内の一部の図形を移動する場合は、移動する図形を選択し、その図形の周囲の枠線をドラッグします。図形全体を移動する場合は、図形全体を選択し、図形全体の周囲の枠線をドラッグします。

星が一直線上に並ぶように一番左の星の図形を右上に移動しましょう。次に、文字に重ならないように図形全体を左に移動しましょう。

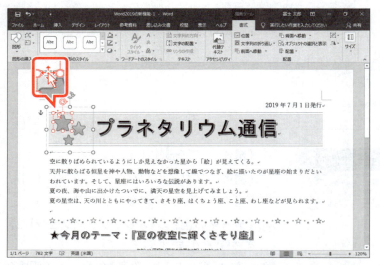

一番左の星の図形を選択します。
①図形を選択します。
※星の図形であれば、どこでもかまいません。
図形全体が選択されます。
※図形の周囲に○(ハンドル)が表示されます。
②一番左の図形をクリックします。
※選択した図形の周囲に○(ハンドル)が表示されます。
③一番左の図形の枠線をポイントします。
マウスポインターの形が に変わります。

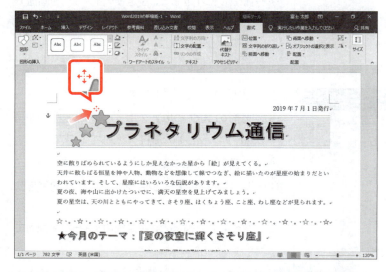

④図のように、移動先までドラッグします。
ドラッグ中、マウスポインターの形が に変わります。

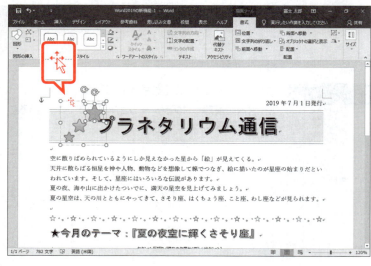

一番左の図形が移動されます。
図形全体を移動します。
⑤図形全体の枠線をポイントします。
マウスポインターの形が に変わります。

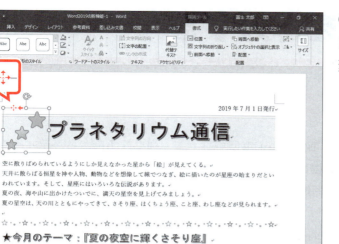

⑥図のように、移動先までドラッグします。
ドラッグ中、マウスポインターの形が✥に変わります。

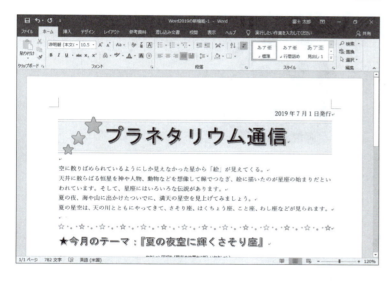

図形全体が移動されます。
※選択を解除しておきましょう。
※文書に「Word2019の新機能-1完成」と名前を付けて、フォルダー「付録」に保存し、閉じておきましょう。

STEP UP アイコンのファイル形式

アイコンのファイル形式は、「SVG形式（拡張子「.svg」）」です。画像ファイルによく使われるJPEG形式やPNG形式のファイルは、拡大や縮小を行うと画像の輪郭が荒くなりますが、SVG形式のファイルは、拡大や縮小、回転などを行っても画像の輪郭が荒くならないという特徴があります。

●JPEG形式

拡大 → 輪郭が荒くなる

●SVG形式

拡大 → 輪郭が荒くならない

Step 2 3Dモデルを挿入する

1 3Dモデル

Word 2019には、立体的な画像を360度回転させて、様々な角度から表示することができる「**3Dモデル**」を挿入する機能が用意されています。
3Dモデルを使うと、平面の画像では表示できない部分を表示させることができるので、文字だけで説明するよりわかりやすい文書を作成できます。
3Dモデルは、ExcelやPowerPointと共通の機能です。

2 3Dモデルの挿入

3Dモデルは、3Dモデルを無料で公開しているオンラインカタログ「**リミックス3D**」から挿入したり、既に作成された3Dモデルを挿入したりできます。
フォルダー「**付録**」の3Dモデル「**サイコロ**」を挿入しましょう。

 新しい文書を作成しておきましょう。

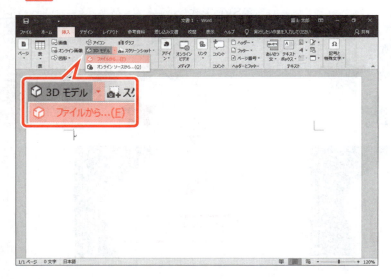

①《**挿入**》タブを選択します。
②《**図**》グループの [3D モデル▼]（3Dモデル）の ▼ をクリックします。
③《**ファイルから**》をクリックします。

《3Dモデルの挿入》ダイアログボックスが表示されます。

3Dモデルが保存されている場所を選択します。

④左側の一覧から《ドキュメント》を選択します。
※《ドキュメント》が表示されていない場合は、《PC》をダブルクリックします。

⑤右側の一覧から「Word2019基礎」を選択します。

⑥《挿入》をクリックします。

⑦一覧から「付録」を選択します。
⑧《挿入》をクリックします。
挿入する3Dモデルを選択します。
⑨一覧から「サイコロ」を選択します。
⑩《挿入》をクリックします。

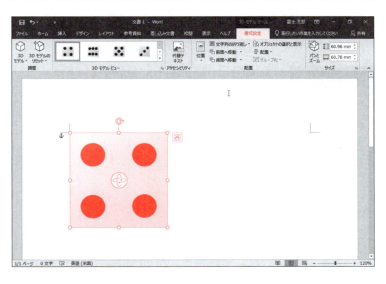

3Dモデルが挿入されます。

3Dモデルの右側に (レイアウトオプション) が表示され、リボンに《3Dモデルツール》の《書式設定》タブが表示されます。

⑪3Dモデルの周囲に○(ハンドル)が表示され、3Dモデルが選択されていることを確認します。

POINT 《3Dモデルツール》の《書式設定》タブ

3Dモデルが選択されているとき、リボンに《3Dモデルツール》の《書式設定》タブが表示され、3Dモデルの書式に関するコマンドが使用できる状態になります。

POINT オンライン3Dモデルの挿入

無料で公開しているオンラインカタログ「リミックス3D」から3Dモデルを挿入するには、Microsoftアカウントでサインインしている必要があります。
オンライン3Dモデルを挿入する方法は、次のとおりです。
◆《挿入》タブ→《図》グループの (3Dモデル)の ▼ →《オンラインソースから》

STEP UP 3Dモデルの作成

3Dモデルは、Windows 10に標準で装備されている「ペイント3D」で作成することができます。作成した図形をWordやほかのアプリで使う場合は、3Dモデルで保存する必要があります。

3 3Dモデルの回転

3Dモデルは、中央に表示されている 🧭 をドラッグすると、360度自由に回転させることができます。
サイコロの4と5と1の面が見えるように回転しましょう。

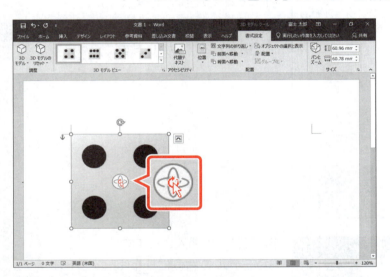

①3Dモデルをクリックします。
3Dモデルが選択されます。
※3Dモデルの周囲に○（ハンドル）が表示されます。
② 🧭 をポイントします。
マウスポインターの形が 🖑 に変わります。

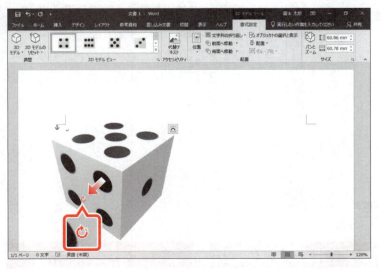

③図のように、左下にドラッグします。
ドラッグ中、マウスポインターの形が 🔄 に変わり、3Dモデルの周囲の○（ハンドル）は非表示になります。

3Dモデルが回転されます。
※選択を解除しておきましょう。
※文書を保存せずに閉じておきましょう。

STEP UP パンとズーム

3Dモデルは「パン」と「ズーム」を使って、全体を表示したり一部分を拡大したりできます。3Dモデルの一部分を大きく表示させることをズーム、ズームの反対をパンといいます。
パンとズームを使うと、3Dモデルに ⊕ が表示されます。⊕ をポイントし、マウスポインターの形が ↕ の状態でマウスを上下にドラッグすると、3Dモデルの全体を表示したり一部分を拡大したりできます。
パンとズームを使う方法は、次のとおりです。

◆3Dモデルを選択→《書式設定》タブ→《サイズ》グループの 🔍 (パンとズーム)

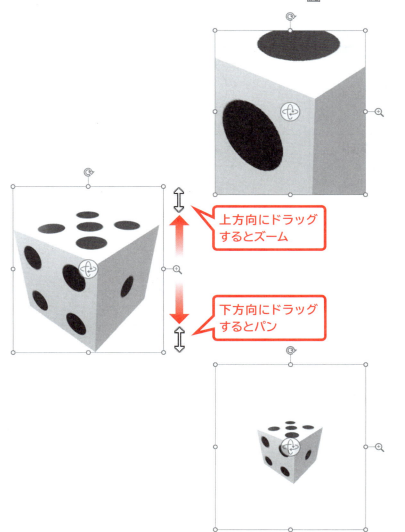

上方向にドラッグするとズーム

下方向にドラッグするとパン

248

Step3 インクを図形に変換する

1 インクを図形に変換

「インク」とは、手書きで文字や図形を描画できる機能です。Word 2019では、さらに手書きで描画した四角形や円などを図形に変換できる**「インクを図形に変換」**が用意されています。手書きですばやく描画できることに加え、図形と同様に、色や効果を設定することもできます。ペンや指で操作することが多いタブレットで利用すると効率的です。
インクを図形に変換する機能は、ExcelやPowerPointと共通の機能です。
描画して変換できる図形には、次のようなものがあります。

	インク描画	図形
四角形		
ひし形		
円		
矢印		

STEP UP 描画して変換できる図形

そのほかに描画して変換できる図形には、「平行四辺形」「台形」「五角形」「六角形」「楕円」「三角形」などがあります。

2 《描画》タブの表示

図形を手書きで描画するには、《描画》タブを使います。《描画》タブを表示しましょう。
※タッチ対応のパソコンの場合、初期の設定で《描画》タブが表示されています。

File OPEN フォルダー「付録」の文書「Word2019の新機能-2」を開いておきましょう。

①《ファイル》タブを選択します。
②《オプション》をクリックします。

《Wordのオプション》ダイアログボックスが表示されます。
③左側の一覧から《リボンのユーザー設定》を選択します。
④右側の《リボンのユーザー設定》が「メインタブ」になっていることを確認します。
⑤一覧の《描画》を☑にします。
⑥《OK》をクリックします。

《挿入》タブと《デザイン》タブの間に《描画》タブが表示されます。

250

3 図形の描画

「濃い青」のペンで次のような図形を描画しましょう。描画したあと、ひし形の図形に「条件」、四角形の図形に「処理」と入力しましょう。

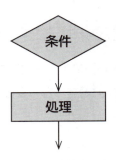

①《描画》タブを選択します。
②《変換》グループの ■ (インクを図形に変換) をクリックします。

《ツール》グループの ■ (描画) がオン (濃い灰色) になります。
描画するペンと色を選択します。

③《ペン》グループの ■ (ペン：黒、0.5mm) をクリックします。
※お使いの環境によっては、ペンが「黒、0.5mm」でない場合があります。
メニューが表示されます。
※メニューが表示されない場合は、もう一度 ■ (ペン：黒、0.5mm) をクリックします。

④《色》の《濃い青》をクリックします。
ペンの色が濃い青に変更されます。

⑤ ■ をクリックします。
メニューが閉じられます。

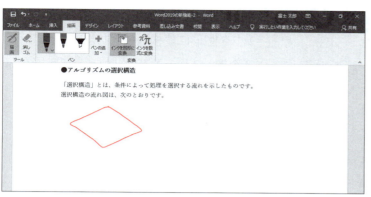

マウスポインターの形が・に変わります。

⑥図のように、ひし形の図形を描画します。

※ひし型の始点から終点までマウスのボタンを離さず、一筆書きで描画しましょう。

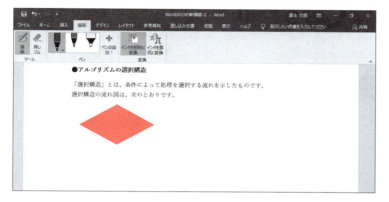

ひし形の図形に変換されます。

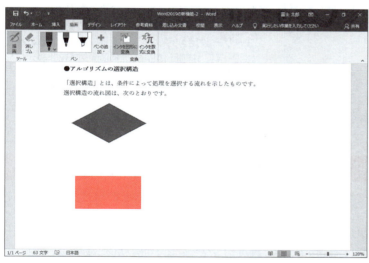

⑦同様に、ひし形の下に四角形を描画します。

四角形の図形に変換されます。

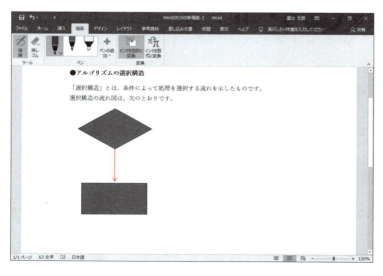

⑧ひし形の下側から四角形に向かって矢印を描画します。

※矢印の始点から終点までマウスのボタンを離さず、一筆書きで描画しましょう。

矢印の図形に変換されます。

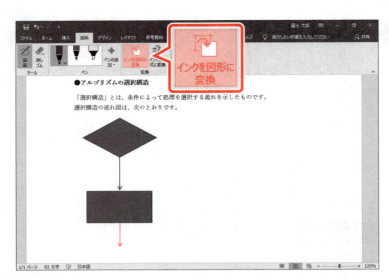

⑨同様に、四角形の下に矢印を描画します。
インクを図形に変換を終了します。

⑩《変換》グループの ![icon] (インクを図形に変換)をクリックします。

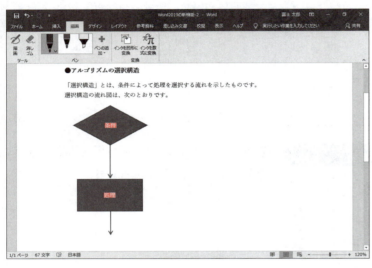

《ツール》グループの ![icon] (描画)がオフ(標準の色)になります。
図形に文字を入力します。

⑪ひし型を選択し、「**条件**」と入力します。

⑫同様に、四角形に「**処理**」と入力します。

※選択を解除しておきましょう。
※《ファイル》タブ→《オプション》→左側の一覧から《リボンのユーザー設定》を選択→右側の《リボンのユーザー設定》が「メインタブ」になっていることを確認→《☐描画》にして、《描画》タブを非表示にしておきましょう。
※文書に「Word2019の新機能-2完成」と名前を付けて、フォルダー「付録」に保存し、閉じておきましょう。

👆POINT　インクの削除

間違えて描画したインクや図形に変換されなかったインクを削除する方法は、次のとおりです。
◆《描画》タブ→《ツール》グループの ![icon] (消しゴム(ストローク))→描画したインクをクリック
※ ![icon] (消しゴム(ストローク))をクリックすると、マウスポインターの形が ![icon] に変わります。
※インクを削除したあと、再度図形を描画するには、![icon] (インクを図形に変換)がオン(濃い灰色)になっていることを確認し、![icon] (描画)をクリックします。

🚩STEP UP　ペンの種類

文書に描画できるペンには、「鉛筆」「ペン」「蛍光ペン」の3種類があります。

●**鉛筆**
鉛筆で書いているように表示されます。同じ場所を何度も描画すると色が濃くなります。

●**ペン**
サインペンで書いているように表示されます。

●**蛍光ペン**
蛍光ペンで書いているように表示されます。文字の上から重ねてラインを引いて文字を目立たせることができます。

初期の設定では、ペンと蛍光ペンだけが表示されていますが、あとからペンの種類を追加することができます。描画するペンの種類を追加する方法は、次のとおりです。
◆《描画》タブ→《ペン》グループの ![icon] (ペンの追加)

索引

Index

索引

英数字

3Dモデルの回転	247
3Dモデルの作成	247
3Dモデルの挿入	245
IME	10,30
IMEパッド	57
JPEG形式	244
Microsoftアカウントの表示名	17
Microsoftアカウントのユーザー情報	14
PDFファイルとして保存	208
PDFファイルの表示	211
PDFファイルの編集	210,212
PDFファイルの保存	212
SVG形式	244
Webレイアウト	20,21
Wordの概要	10
Wordの画面構成	17
Wordの起動	13
Wordの終了	27,60
Wordのスタート画面	14
Wordへようこそ	14

あ

アイコンの削除	238
アイコンの書式設定	239
アイコンの挿入	237
アイコンのファイル形式	244
アイコンを図形に変換	241
あいさつ文の挿入	70
あいさつ文の入力	70
アウトライン表示	21
新しい文書の作成	32
アプレット	57
網かけ	145

い

以上	69,72
一括変換	51
移動（カーソル）	109,110
移動（画像）	187
移動（図形）	243
移動（文字）	81
移動（ワードアート）	181
インクの削除	253
インクを図形に変換	249
印刷	100
印刷イメージの拡大	98
印刷イメージの確認	97
印刷する手順	97
印刷レイアウト	20,21
インデント	86
インデントの解除	87
インデントマーカー	87

う

ウィンドウの最小化	17
ウィンドウの最大化	17
ウィンドウを閉じる	17
ウィンドウを元に戻す	17
上書き	78
上書き保存	96
上付き	145

え

英大文字の入力	34
英字の入力	33
英単語に変換	45
閲覧の再開	26
閲覧モード	20,22

か

カーソル	17
カーソルの移動	109,110
改行	34
解除（インデント）	87
解除（下線）	93
解除（均等割り付け）	127,144
解除（斜体）	93

解除（タブ位置）…………………………………	157
解除（段組み）……………………………………	163
解除（テーマ）……………………………………	196
解除（ドロップキャップ）………………………	161
解除（表のスタイル）……………………………	135
解除（太字）………………………………………	93
解除（ページ罫線）………………………………	195
解除（リーダー）…………………………………	159
解除（ルビ）………………………………………	147
回転…………………………………………	187,247
改ページ……………………………………………	165
改ページの削除……………………………………	165
囲い文字……………………………………………	144
囲み線………………………………………………	145
箇条書き……………………………………………	89
下線…………………………………………………	93
下線の解除…………………………………………	93
画像の移動…………………………………………	187
画像の回転…………………………………………	187
画像のサイズ変更…………………………………	186
画像の挿入…………………………………………	182
画像の枠線の変更…………………………………	189
カタカナ変換………………………………………	44
かな入力…………………………………………	30,38
画面構成（Word）…………………………………	17
画面のスクロール…………………………………	18
漢字の変換候補一覧………………………………	44
漢字変換……………………………………………	42

き

記…………………………………………………	69,72
記書きの入力………………………………………	72
記号と特殊文字……………………………………	46
記号の入力………………………………………	34,37
記号変換……………………………………………	45
規則（かな入力）…………………………………	38
規則（ローマ字入力）……………………………	36
行……………………………………………………	107
行間…………………………………………………	152
行単位の範囲選択…………………………………	76
行の削除……………………………………………	115
行の選択……………………………………………	112
行の挿入……………………………………………	114
行の高さの変更……………………………………	118
切り替え（入力モード）…………………………	31

切り替え（表示モード）…………………………	20
謹啓…………………………………………………	69
均等割り付け（セル）……………………………	127
均等割り付け（文字）……………………………	143
均等割り付けの解除……………………………	127,144
謹白…………………………………………………	69

く

クイックアクセスツールバー……………………	17
空白の入力…………………………………………	33
句読点の入力……………………………………	36,39
組み文字……………………………………………	145
クリア（書式）……………………………………	93
繰り返し（コマンド）……………………………	85
クリップボード…………………………………	79,81,82

け

敬具…………………………………………………	69
罫線の変更…………………………………………	129
検索……………………………………………	202,205
検索のオプション…………………………………	207
検索ボックス………………………………………	14

こ

効果の変更（図）…………………………………	190
効果の変更（ワードアート）……………………	177
コピー………………………………………………	79

さ

最近使ったファイル………………………………	14
最小化（ウィンドウ）……………………………	17
サイズ変更（画像）………………………………	186
サイズ変更（表）…………………………………	119
サイズ変更（ワードアート）……………………	180
最大化（ウィンドウ）……………………………	17
再変換………………………………………………	47
サインアウト………………………………………	14
サインイン…………………………………………	14
削除（アイコン）…………………………………	238
削除（インク）……………………………………	253
削除（改ページ）…………………………………	165
削除（行）…………………………………………	115

索引

削除（タブ） ………………………………… 155
削除（単語） ………………………………… 55
削除（データ） ……………………………… 115
削除（表全体） ……………………………… 115
削除（ページ番号） ………………………… 167
削除（文字） ………………………………… 40,77
削除（列） …………………………………… 115
削除（ワードアート） ……………………… 174

し

下書き ………………………………………… 21
下付き ………………………………………… 145
字詰め・字送りの範囲 ……………………… 78
自動保存 ……………………………………… 60
斜体 …………………………………………… 92
斜体の解除 …………………………………… 93
終了（Word） ………………………………… 27,60
書式のクリア ………………………………… 93
書式のコピー/貼り付け …………………… 150

す

図 ……………………………………………… 182
垂直ルーラー ………………………………… 154
水平線の挿入 ………………………………… 137
水平ルーラー ………………………………… 87,154
数字の入力 …………………………………… 33,34,37
ズーム ………………………………………… 17,248
スクロール …………………………………… 18
スクロールバー ……………………………… 17
図形に変換（アイコン） …………………… 241
図形に変換（インク） ……………………… 249
図形の移動 …………………………………… 243
図形の色の設定 ……………………………… 242
図形の作成 …………………………………… 191
図形のスタイル ……………………………… 193
図形の描画 …………………………………… 251
スタート画面（Word） ……………………… 14
ステータスバー ……………………………… 17
図の効果の変更 ……………………………… 190
図のスタイル ………………………………… 188
図のリセット ………………………………… 190
スペースの役割 ……………………………… 42
すべて置換 …………………………………… 207
スペルチェック ……………………………… 35

せ

セクション …………………………………… 163
セクション区切り …………………………… 163
セル …………………………………………… 107
セル内の均等割り付け ……………………… 127
セル内の文字の配置 ………………………… 124
セルの結合 …………………………………… 121
セルの選択 …………………………………… 111
セルの塗りつぶし …………………………… 131
セルの分割 …………………………………… 123
全角 …………………………………………… 31
全角英数 ……………………………………… 31,33
全角カタカナ ………………………………… 31
選択（行） …………………………………… 112
選択（セル） ………………………………… 111
選択（表全体） ……………………………… 113
選択（変換候補一覧） ……………………… 43
選択（列） …………………………………… 112
選択範囲の修正 ……………………………… 75
選択領域 ……………………………………… 17

そ

総画数アプレット …………………………… 57
操作アシスト ………………………………… 17
挿入（3Dモデル） …………………………… 245
挿入（アイコン） …………………………… 237
挿入（あいさつ文） ………………………… 70
挿入（画像） ………………………………… 182
挿入（行） …………………………………… 114
挿入（水平線） ……………………………… 137
挿入（表） …………………………………… 108
挿入（文字） ………………………………… 41,78
挿入（列） …………………………………… 114
挿入（ワードアート） ……………………… 173
その他の文書 ………………………………… 14
ソフトキーボードアプレット ……………… 57

た

タイトルバー ………………………………… 17
タブ …………………………………………… 153
タブ位置 ……………………………………… 153
タブ位置の解除 ……………………………… 157
タブ位置の変更 ……………………………… 157

タブの削除	155
タブの種類	156
タブマーカー	153
段区切り	164
段組み	162
段組みの解除	163
単語の削除	55
単語の登録	54
単語の呼び出し	55
段落	85
段落罫線	136
段落の前後の間隔の変更	152
段落番号	88

ち

置換	205
置換のオプション	207
中央揃え	83,125
長音の入力	36,39

て

データの削除	115
テーマの色	197
テーマの解除	196
テーマのカスタマイズ	197
テーマの適用	196
テーマのフォント	197
手書きアプレット	57,58
テンキー	34

と

頭語と結語の入力	69
特殊文字の入力	46
閉じる（ウィンドウ）	17
閉じる（文書）	25
取り消し線	145
ドロップキャップ	160
ドロップキャップの解除	161

な

ナビゲーションウィンドウ	202
名前を付けて保存	94,96

に

日本語入力システム	30
入力（あいさつ文）	70
入力（英大文字）	34
入力（英字）	33
入力（記書き）	72
入力（記号）	34,37,46
入力（空白）	33
入力（句読点）	36,39
入力（数字）	33,34,37
入力（長音）	36,39
入力（手書きアプレット）	58
入力（頭語と結語）	69
入力（特殊文字）	46
入力（日付）	67
入力（ひらがな）	36
入力（部首アプレット）	59
入力（文章）	69
入力（文字）	32,110
入力（読めない漢字）	57
入力オートフォーマット	69,73
入力中の文字の訂正	40
入力モード	31

は

拝啓	69
配置ガイド	180
白紙の文書	14
貼り付け	79,81
貼り付けのオプション	80
貼り付けのプレビュー	80
パン	248
範囲選択	74,76,111,113
半角	31
半角英数	31,33
半角カタカナ	31

ひ

左インデント	86,153
左揃え	85
日付と時刻	67
日付の入力	67
表	107

描画タブの表示 250
表示選択ショートカット 17
表示倍率の変更 23
表示モードの切り替え 20
表スタイルのオプション 134
表全体の削除 115
表全体の選択 113
表内のカーソルの移動 110
表に文字を入力 110
表の構成 107
表のサイズ変更 119
表の作成方法 107
表の書式設定 124
表のスタイル 133
表のスタイルの解除 135
表の挿入 108
表の配置の変更 128
表のレイアウトの変更 114
ひらがな 31
ひらがなの入力 36
開く（PDFファイル） 210
開く（文書） 15
品詞 55

ふ

ファンクションキーを使った変換 48
フォント 91,175
フォントサイズ 90,175
フォントの色 91
複合表 109
部首アプレット 57,59
フッター 167
太字 92
太字の解除 93
ふりがな 146
文章校正 35
文章の書式設定 143
文章の入力 69
文章の変換 50
文書の印刷 97
文書の自動保存 60
文書の保存 94
文書を閉じる 25
文書を開く 15
文節カーソル 51

文節単位の変換 50

へ

ページ罫線の解除 195
ページ罫線の設定 194
ページ設定 65,99
ページのレイアウトの設定 65
ページ番号の削除 167
ページ番号の追加 166
ヘッダー 167
変換（一括） 51
変換（英単語） 45
変換（カタカナ） 44
変換（漢字） 42
変換（記号） 45
変換（ファンクションキー） 48
変換（文節単位） 50
変換候補一覧からの選択 43
変換前の状態に戻す（文字の訂正） 42
編集記号の表示 67
ペンの種類 253

ほ

ポイント 90
他の文書を開く 14
保存（PDFファイル） 208,212
保存（上書き） 96
保存（文書） 94,96
ボタンの形状 68

ま

マウスポインター 17

み

右揃え 83
ミニツールバー 75

も

文字一覧アプレット 57
文字単位の範囲選択 74
文字の網かけ 145

文字の移動	81
文字の拡大/縮小	145
文字の均等割り付け	143
文字の効果（ワードアート）	181
文字の効果と体裁	148
文字のコピー	79
文字の削除	40,77
文字の装飾	90
文字の挿入	41,78
文字の追加（図形）	192
文字の訂正	40,42
文字の取り消し	41
文字の入力	32
文字の入力（表）	110
文字の配置	83,124
文字の変換	42
文字列の折り返し	184,185
元に戻す	77
元に戻す（ウィンドウ）	17
元に戻す（縮小）	17

や

やり直し	77

よ

予測候補	41
読めない漢字の入力	57

ら

ライブレイアウト	188

り

リアルタイムプレビュー	89
リーダー	158
リーダーの解除	159
リボン	17
リボンの表示オプション	17
リミックス3D	245
両端揃え	85
両端揃え（中央）	126

る

ルーラー	87,154
ルビ	146
ルビの解除	147

れ

レイアウトオプション	174
列	107
列の削除	115
列の選択	112
列の挿入	114
列幅の変更	116

ろ

ローマ字入力	30,36

わ

ワードアートクイックスタイル	179
ワードアートの移動	181
ワードアートの効果の変更	177
ワードアートのサイズ変更	180
ワードアートの削除	174
ワードアートのスタイルの変更	177
ワードアートの挿入	173
ワードアートのフォントサイズの変更	175
ワードアートのフォントの変更	175
ワードアートの文字の色	179
ワードアートの輪郭の色	179
ワードアートの輪郭の変更	179
ワードアートの枠線	177

ローマ字・かな対応表

		あ	い	う	え	お
あ		A	I	U	E	O
		ぁ	ぃ	ぅ	ぇ	ぉ
		LA	LI	LU	LE	LO
		XA	XI	XU	XE	XO
か		か	き	く	け	こ
		KA	KI	KU	KE	KO
		きゃ	きぃ	きゅ	きぇ	きょ
		KYA	KYI	KYU	KYE	KYO
さ		さ	し	す	せ	そ
		SA	SI	SU	SE	SO
			SHI			
		しゃ	しぃ	しゅ	しぇ	しょ
		SYA	SYI	SYU	SYE	SYO
		SHA		SHU	SHE	SHO
た		た	ち	つ	て	と
		TA	TI	TU	TE	TO
			CHI	TSU		
				っ		
				LTU		
				XTU		
		ちゃ	ちぃ	ちゅ	ちぇ	ちょ
		TYA	TYI	TYU	TYE	TYO
		CYA	CYI	CYU	CYE	CYO
		CHA		CHU	CHE	CHO
		てゃ	てぃ	てゅ	てぇ	てょ
		THA	THI	THU	THE	THO
な		な	に	ぬ	ね	の
		NA	NI	NU	NE	NO
		にゃ	にぃ	にゅ	にぇ	にょ
		NYA	NYI	NYU	NYE	NYO
は		は	ひ	ふ	へ	ほ
		HA	HI	HU	HE	HO
				FU		
		ひゃ	ひぃ	ひゅ	ひぇ	ひょ
		HYA	HYI	HYU	HYE	HYO
		ふぁ	ふぃ		ふぇ	ふぉ
		FA	FI		FE	FO
		ふゃ	ふぃ	ふゅ	ふぇ	ふょ
		FYA	FYI	FYU	FYE	FYO
ま		ま	み	む	め	も
		MA	MI	MU	ME	MO
		みゃ	みぃ	みゅ	みぇ	みょ
		MYA	MYI	MYU	MYE	MYO

		や	い	ゆ	いぇ	よ
や		YA	YI	YU	YE	YO
		ゃ		ゅ		ょ
		LYA		LYU		LYO
		XYA		XYU		XYO
ら		ら	り	る	れ	ろ
		RA	RI	RU	RE	RO
		りゃ	りぃ	りゅ	りぇ	りょ
		RYA	RYI	RYU	RYE	RYO
わ		わ	うぃ	う	うぇ	を
		WA	WI	WU	WE	WO
ん		ん				
		NN				
が		が	ぎ	ぐ	げ	ご
		GA	GI	GU	GE	GO
		ぎゃ	ぎぃ	ぎゅ	ぎぇ	ぎょ
		GYA	GYI	GYU	GYE	GYO
ざ		ざ	じ	ず	ぜ	ぞ
		ZA	ZI	ZU	ZE	ZO
			JI			
		じゃ	じぃ	じゅ	じぇ	じょ
		JYA	JYI	JYU	JYE	JYO
		ZYA	ZYI	ZYU	ZYE	ZYO
		JA		JU	JE	JO
だ		だ	ぢ	づ	で	ど
		DA	DI	DU	DE	DO
		ぢゃ	ぢぃ	ぢゅ	ぢぇ	ぢょ
		DYA	DYI	DYU	DYE	DYO
		でゃ	でぃ	でゅ	でぇ	でょ
		DHA	DHI	DHU	DHE	DHO
		どぁ	どぃ	どぅ	どぇ	どぉ
		DWA	DWI	DWU	DWE	DWO
ば		ば	び	ぶ	べ	ぼ
		BA	BI	BU	BE	BO
		びゃ	びぃ	びゅ	びぇ	びょ
		BYA	BYI	BYU	BYE	BYO
ぱ		ぱ	ぴ	ぷ	ぺ	ぽ
		PA	PI	PU	PE	PO
		ぴゃ	ぴぃ	ぴゅ	ぴぇ	ぴょ
		PYA	PYI	PYU	PYE	PYO
ヴ		ヴぁ	ヴぃ	ヴ	ヴぇ	ヴぉ
		VA	VI	VU	VE	VO
っ		後ろに「N」以外の子音を2つ続ける 例:だった→DATTA				
		単独で入力する場合 LTU　XTU				

よくわかる
Microsoft® Word 2019 基礎
(FPT1815)

2019年 2 月 5 日　初版発行
2024年 3 月 7 日　第 2 版第11刷発行

著作／制作：富士通エフ・オー・エム株式会社

発行者：山下　秀二

発行所：FOM出版（富士通エフ・オー・エム株式会社）
　　　　〒212-0014　神奈川県川崎市幸区大宮町1番地5　JR川崎タワー
　　　　　　　　　　株式会社富士通ラーニングメディア内
　　　　　　　　https://www.fom.fujitsu.com/goods/

印刷／製本：株式会社サンヨー

表紙デザインシステム：株式会社アイロン・ママ

- 本書は、構成・文章・プログラム・画像・データなどのすべてにおいて、著作権法上の保護を受けています。
  本書の一部あるいは全部について、いかなる方法においても複写・複製など、著作権法上で規定された権利を侵害する行為を行うことは禁じられています。
- 本書に関するご質問は、ホームページまたはメールにてお寄せください。
  <ホームページ>
  上記ホームページ内の「FOM出版」から「QAサポート」にアクセスし、「QAフォームのご案内」からQAフォームを選択して、必要事項をご記入の上、送信してください。
  <メール>
  FOM-shuppan-QA@cs.jp.fujitsu.com
  なお、次の点に関しては、あらかじめご了承ください。
  ・ご質問の内容によっては、回答に日数を要する場合があります。
  ・本書の範囲を超えるご質問にはお答えできません。　・電話やFAXによるご質問には一切応じておりません。
- 本製品に起因してご使用者に直接または間接的損害が生じても、富士通エフ・オー・エム株式会社はいかなる責任も負わないものとし、一切の賠償などは行わないものとします。
- 本書に記載された内容などは、予告なく変更される場合があります。
- 落丁・乱丁はお取り替えいたします。

©2021 Fujitsu Learning Media Limited
Printed in Japan

FOM出版のシリーズラインアップ

定番の よくわかる シリーズ

「よくわかる」シリーズは、長年の研修事業で培ったスキルをベースに、ポイントを押さえたテキスト構成になっています。すぐに役立つ内容を、丁寧に、わかりやすく解説しているシリーズです。

資格試験の よくわかるマスター シリーズ

「よくわかるマスター」シリーズは、IT資格試験の合格を目的とした試験対策用教材です。

■MOS試験対策　　　　　　　　　　　　■情報処理技術者試験対策

　　　　　　　　　　　　　　　　　　　ITパスポート試験　　基本情報技術者試験

FOM出版テキスト 最新情報 のご案内

FOM出版では、お客様の利用シーンに合わせて、最適なテキストをご提供するために、様々なシリーズをご用意しています。

FOM出版　　検索

https://www.fom.fujitsu.com/goods/

FAQのご案内
[テキストに関するよくあるご質問]

FOM出版テキストのお客様Q&A窓口に皆様から多く寄せられたご質問に回答を付けて掲載しています。

FOM出版　FAQ　検索

https://www.fom.fujitsu.com/goods/faq/

緑色の用紙の内側に、別冊「練習問題・総合問題 解答」が添付されています。

別冊は必要に応じて取りはずせます。取りはずす場合は、この用紙を1枚めくっていただき、別冊の根元を持って、ゆっくりと引き抜いてください。

練習問題・総合問題 解答

Microsoft® Word 2019 基礎

練習問題解答 ……………………………………………………… 1
総合問題解答 ……………………………………………………… 6

練習問題解答

> 設定する項目名が一覧にない場合は、任意の項目を選択してください。

第2章　練習問題

省略

第3章　練習問題

①
① 《レイアウト》タブを選択
② 《ページ設定》グループの ▫ （ページ設定）をクリック
③ 《用紙》タブを選択
④ 《用紙サイズ》が《A4》になっていることを確認
⑤ 《余白》タブを選択
⑥ 《印刷の向き》の《縦》をクリック
⑦ 《文字数と行数》タブを選択
⑧ 《行数だけを指定する》を ◉ にする
⑨ 《行数》を「30」に設定
⑩ 《OK》をクリック

②
省略

③
① 「2019年6月吉日」の行にカーソルを移動
② 《ホーム》タブを選択
③ 《段落》グループの ≡ （右揃え）をクリック
④ 「みなとミュージックスクール」から「校長　黒川　仁」までの行を選択
⑤ F4 を押す

④
① 「10周年記念発表会のご案内」の行を選択
② 《ホーム》タブを選択
③ 《フォント》グループの 游明朝(本文(（フォント）の ▾ をクリックし、一覧から《MSゴシック》を選択
④ 《フォント》グループの 10.5 ▾ （フォントサイズ）の ▾ をクリックし、一覧から《20》を選択
⑤ 《フォント》グループの B （太字）をクリック
⑥ 《フォント》グループの U ▾ （下線）の ▾ をクリック
⑦ 《―――――》（太線の下線）をクリック
⑧ 《段落》グループの ≡ （中央揃え）をクリック

⑤
① 「みなとミュージックスクール」を選択
※ ↵ を含めずに、文字だけを選択します。
② 《ホーム》タブを選択
③ 《クリップボード》グループの ▫ （コピー）をクリック
④ 「設立にご尽力いただき…」の前にカーソルを移動
⑤ 《クリップボード》グループの ▫ （貼り付け）をクリック

⑥
① 「音田　奏さんを…」の前にカーソルを移動
② 「ピアニストの」と入力

⑦
① 「日にち…」から「入場料…」までの行を選択
② 《ホーム》タブを選択
③ 《段落》グループの ≡ （インデントを増やす）を5回クリック

⑧
① 「日にち…」から「入場料…」までの行を選択
② 《ホーム》タブを選択
③ 《段落》グループの ≡ ▾ （段落番号）の ▾ をクリック
④ 《1.2.3.》をクリック

⑨
① 《ファイル》タブを選択
② 《印刷》をクリック
③ 印刷イメージを確認
④ 《部数》が「1」になっていることを確認
⑤ 《プリンター》に出力するプリンターの名前が表示されていることを確認
⑥ 《印刷》をクリック

第4章　練習問題

①
①「商品概要」の表内をポイント
②「特長」と「予定価格」の行の間の罫線の左側をポイント
③ をクリック
④2行1列目に「生地重量」、2行2列目に「350グラム（食べきりサイズ）」と入力

②
①「商品概要」の表内にカーソルがあることを確認
②《表ツール》の《デザイン》タブを選択
③《表のスタイル》グループの ▼ （その他）をクリック
④《グリッドテーブル》の《グリッド（表）5濃色-アクセント6》（左から7番目、上から5番目）をクリック
⑤《表スタイルのオプション》グループの《タイトル行》を □ にする
⑥《表スタイルのオプション》グループの《縞模様（行）》を □ にする

③
①「商品概要」の表全体を選択
②《ホーム》タブを選択
③《段落》グループの ≡ （中央揃え）をクリック

④
①「担当：町井（内線：2551）」の下の行を選択
②《ホーム》タブを選択
③《段落》グループの ▦ （罫線）の ▼ をクリック
④《線種とページ罫線と網かけの設定》をクリック
⑤《罫線》タブを選択
⑥《設定対象》が《段落》になっていることを確認
⑦左側の《種類》の《指定》をクリック
⑧中央の《種類》の《--------------》をクリック
⑨《プレビュー》の ▦ をクリック
⑩《OK》をクリック

⑤
①文末にカーソルを移動
※ Ctrl + End を押すと、効率よく移動できます。
②《挿入》タブを選択
③《表》グループの ▦ （表の追加）をクリック
④下に5マス分、右に2マス分の位置をクリック
⑤表に文字を入力

⑥
①「＜応募用紙＞」の表の1列目の右側の罫線を左方向にドラッグ

⑦
①「＜応募用紙＞」の表の「理由」の行の下側の罫線を下方向にドラッグ

⑧
①「＜応募用紙＞」の表の1列目を選択
②《表ツール》の《デザイン》タブを選択
③《表のスタイル》グループの ▦ （塗りつぶし）の ▼ をクリック
④《テーマの色》の《緑、アクセント6、白＋基本色60％》（左から10番目、上から3番目）をクリック

⑨
①「＜応募用紙＞」の表全体を選択
②《表ツール》の《デザイン》タブを選択
③《飾り枠》グループの ------------ ▼ （ペンのスタイル）の ▼ をクリック
④《――――――――》をクリック
⑤《飾り枠》グループの 0.5 pt ――――― ▼ （ペンの太さ）の ▼ をクリック
⑥《1.5pt》をクリック
⑦《飾り枠》グループの ペンの色 ▼ （ペンの色）をクリック
⑧《テーマの色》の《緑、アクセント6、黒＋基本色25％》（左から10番目、上から5番目）をクリック
⑨《飾り枠》グループの ▦ （罫線）の 罫線 ▼ をクリック
⑩《格子》をクリック

⑩
①「＜応募用紙＞」の表の1列目を選択
②《ホーム》タブを選択
③《段落》グループの ▦ （均等割り付け）をクリック

第5章　練習問題

①
① 「プラネタリウム通信」を選択
② 《ホーム》タブを選択
③ 《フォント》グループの ▢ （文字の効果と体裁）をクリック
④ 《塗りつぶし：黒、文字色1；輪郭：白、背景色1；影（ぼかしなし）：白、背景色1》（左から1番目、上から3番目）をクリック
⑤ 「★今月のテーマ：『夏の夜空に輝くさそり座』」を選択
⑥ F4 を押す
⑦ 「★7月のプラネタリウム」を選択
⑧ F4 を押す

②
① 「★今月のテーマ…」の上の行の「★・。・☆・。・★…」を選択
② 《ホーム》タブを選択
③ 《フォント》グループの ▢ （フォントの色）の ▼ をクリック
④ 《標準の色》の《黄》（左から4番目）をクリック
⑤ 《フォント》グループの ▢ （文字の効果と体裁）をクリック
⑥ 《文字の輪郭》をポイント
⑦ 《テーマの色》の《ゴールド、アクセント4、黒＋基本色25％》（左から8番目、上から5番目）をクリック
⑧ 《クリップボード》グループの ▢ （書式のコピー/貼り付け）をクリック
⑨ 「★7月のプラネタリウム」の上の行の「★・。・☆・。・★…」をドラッグ

③
① 「ギリシャ神話では…」から「…闇の力を持つ星だと考えていました。」までの行を選択
② 《レイアウト》タブを選択
③ 《ページ設定》グループの ▢ 段組み （段の追加または削除）をクリック
④ 《段組みの詳細設定》をクリック
⑤ 《種類》の《2段》をクリック
⑥ 《境界線を引く》を ✓ にする
⑦ 《OK》をクリック

④
① 「ギリシャ神話では…」の段落にカーソルを移動
② 《挿入》タブを選択
③ 《テキスト》グループの ▢ （ドロップキャップの追加）をクリック
④ 《ドロップキャップのオプション》をクリック
⑤ 《位置》の《本文内に表示》をクリック
⑥ 《ドロップする行数》を「2」に設定
⑦ 《本文からの距離》を「2mm」に設定
⑧ 《OK》をクリック
⑨ 「S字にカーブしている…」の段落にカーソルを移動
⑩ F4 を押す
⑪ 「赤い星アンタレス…」の段落にカーソルを移動
⑫ F4 を押す

⑤
① 「日本の瀬戸内海地方の漁師たちは…」の行の先頭にカーソルを移動
② 《レイアウト》タブを選択
③ 《ページ設定》グループの ▢ 区切り （ページ/セクション区切りの挿入）をクリック
④ 《ページ区切り》の《段区切り》をクリック

⑥
① 「定員」を選択
② Ctrl を押しながら、「入館料」を選択
③ 《ホーム》タブを選択
④ 《段落》グループの ▢ （均等割り付け）をクリック
⑤ 《新しい文字列の幅》を《4字》に設定
⑥ 《OK》をクリック

⑦
① 「開催曜日…」から「入館料…」までの行を選択
② 《ホーム》タブを選択
③ 《段落》グループの ▢ （行と段落の間隔）をクリック
④ 《1.15》をクリック

⑧
① 「三上」を選択
② 《ホーム》タブを選択
③ 《フォント》グループの ▢ （ルビ）をクリック
④ 「三上」の《ルビ》を「みなかみ」に修正
⑤ 《OK》をクリック

⑨

① 「**お問合せ先県立学習センター　三上**」から「**電話 052-201-XXXX**」までの行を選択
② 《**表示**》タブを選択
③ 《**表示**》グループの《**ルーラー**》を ☑ にする
④ タブの種類が ⌊ (左揃えタブ) になっていることを確認
※ ⌊ (左揃えタブ) になっていない場合は、何回かクリックして変更します。
⑤ 水平ルーラーの約34字の位置をクリック
⑥ 「**お問合せ先**」の後ろにカーソルを移動
⑦ Tab を押す
⑧ 「**電話**」の行の先頭にカーソルを移動
⑨ Tab を押す
⑩ 「**お問合せ先…**」の段落にカーソルを移動
⑪ 《**ホーム**》タブを選択
⑫ 《**段落**》グループの ▫ (段落の設定) をクリック
⑬ 《**タブ設定**》をクリック
⑭ 《**リーダー**》の《**………(5)**》を ⦿ にする
⑮ 《**OK**》をクリック
※ ルーラーを非表示にしておきましょう。

第6章　練習問題

①

① 文頭にカーソルがあることを確認
② 《**挿入**》タブを選択
③ 《**テキスト**》グループの A▾ (ワードアートの挿入)をクリック
④ 《**塗りつぶし：灰色、アクセントカラー3；面取り(シャープ)**》(左から5番目、上から2番目) をクリック
⑤ 「**新刊のお知らせ**」と入力
⑥ ワードアートを選択
⑦ 《**書式**》タブを選択
⑧ 《**ワードアートのスタイル**》グループの A▾ (文字の効果) をクリック
⑨ 《**変形**》をポイント
⑩ 《**形状**》の《**下ワープ**》(左から4番目、上から4番目) をクリック

②

① ワードアートの○(ハンドル)をドラッグして、サイズ変更
② ワードアートの枠線をドラッグして移動

③

① 「**■気軽に始めるフライフィッシング**」の行の先頭にカーソルを移動
② 《**挿入**》タブを選択
③ 《**図**》グループの 🖻画像 (ファイルから) をクリック
④ 画像が保存されている場所を開く
※ 《ドキュメント》→「Word2019基礎」→「第6章」を選択します。
⑤ 一覧から「**釣り**」を選択
⑥ 《**挿入**》をクリック
⑦ 画像が選択されていることを確認
⑧ 🖻 (レイアウトオプション) をクリック
⑨ 《**文字列の折り返し**》の 🖻 (四角形) をクリック
⑩ 《**レイアウトオプション**》の × (閉じる) をクリック
⑪ 《**書式**》タブを選択
⑫ 《**図のスタイル**》グループの (画像のスタイル) をクリック
⑬ 《**対角を切り取った四角形、白**》(左から5番目、上から3番目) をクリック
⑭ 画像をドラッグして移動
⑮ 画像の○(ハンドル)をドラッグして、サイズ変更

④

① 「**■家族でキャンプを楽しもう**」の行の先頭にカーソルを移動
② 《**挿入**》タブを選択
③ 《**図**》グループの 🖻画像 (ファイルから) をクリック
④ 画像が保存されている場所を開く
※ 《ドキュメント》→「Word2019基礎」→「第6章」を選択します。
⑤ 一覧から「**キャンプ**」を選択
⑥ 《**挿入**》をクリック
⑦ 画像が選択されていることを確認
⑧ 🖻 (レイアウトオプション) をクリック
⑨ 《**文字列の折り返し**》の 🖻 (四角形) をクリック
⑩ 《**レイアウトオプション**》の × (閉じる) をクリック
⑪ 《**書式**》タブを選択
⑫ 《**図のスタイル**》グループの (画像のスタイル) をクリック

⑬《対角を切り取った四角形、白》(左から5番目、上から3番目)をクリック
⑭画像をドラッグして移動
⑮画像の○(ハンドル)をドラッグして、サイズ変更

⑤
①「■気軽に始めるフライフィッシング」の行を表示
②《挿入》タブを選択
③《図》グループの 図形 (図形の作成)をクリック
④《吹き出し》の (吹き出し：角を丸めた四角形)をクリック
⑤マウスポインターの形が ✚ に変わったら、左上から右下へドラッグ
⑥吹き出しが選択されていることを確認
⑦「9月10日発売！」と入力
※図形にすべての文字が表示されていない場合は、図形の○(ハンドル)をドラッグして、サイズを調整しておきましょう。
⑧黄色の○(ハンドル)をドラッグして、吹き出しの先端を移動

⑥
①図形が選択されていることを確認
②Ctrlを押しながら、図形の枠線をドラッグしてコピー
③コピーした図形の中をクリック
④「9月20日発売！」に修正
※選択を解除しておきましょう。

⑦
①《デザイン》タブを選択
②《ページの背景》グループの (罫線と網掛け)をクリック
③《ページ罫線》タブを選択
④左側の《種類》の《囲む》をクリック
⑤《絵柄》の をクリックし、一覧から《✔✔✔✔》を選択
⑥《線の太さ》を「14pt」に設定
⑦《OK》をクリック

⑧
①《デザイン》タブを選択
②《ドキュメントの書式設定》グループの (テーマ)をクリック
③《オーガニック》をクリック

第7章　練習問題

①
①文頭にカーソルがあることを確認
②《表示》タブを選択
③《表示》グループの《ナビゲーションウィンドウ》をにする
④ナビゲーションウィンドウの 🔍 (さらに検索)をクリック
⑤《置換》をクリック
⑥《置換》タブを選択
⑦《検索する文字列》に「Yes」と入力
⑧《置換後の文字列》に「はい」と入力
⑨《すべて置換》をクリック
※15個の項目が置換されます。
⑩《OK》をクリック
⑪《検索する文字列》に「No」と入力
⑫《置換後の文字列》に「いいえ」と入力
⑬《すべて置換》をクリック
※15個の項目が置換されます。
⑭《OK》をクリック
⑮《閉じる》をクリック
※ナビゲーションウィンドウを閉じておきましょう。

②
①《ファイル》タブを選択
②《エクスポート》をクリック
③《PDF/XPSドキュメントの作成》をクリック
④《PDF/XPSの作成》をクリック
⑤PDFファイルを保存する場所を開く
※《ドキュメント》→「Word2019基礎」→「第7章」を選択します。
⑥《ファイル名》に「ヘルスチェックシート(配布用)」と入力
⑦《ファイルの種類》が《PDF》になっていることを確認
⑧《発行後にファイルを開く》を ✔ にする
⑨《発行》をクリック

総合問題解答

> 設定する項目名が一覧にない場合は、任意の項目を選択してください。

総合問題1

①
①Wordを起動し、Wordのスタート画面を表示
②《白紙の文書》をクリック

②
①《レイアウト》タブを選択
②《ページ設定》グループの ⤓ （ページ設定）をクリック
③《用紙》タブを選択
④《用紙サイズ》が《A4》になっていることを確認
⑤《余白》タブを選択
⑥《印刷の向き》の《縦》をクリック
⑦《文字数と行数》タブを選択
⑧《行数だけを指定する》を ● にする
⑨《行数》を「30」に設定
⑩《OK》をクリック

③
省略

④
①「2019年3月22日」の行にカーソルを移動
②《ホーム》タブを選択
③《段落》グループの ≡ （右揃え）をクリック
④「青山電子産業株式会社」から「販売推進部」までの行を選択
⑤ F4 を押す
⑥「担当：黒川」の行にカーソルを移動
⑦ F4 を押す

⑤
①「カタログ送付のご案内」の行を選択
②《ホーム》タブを選択
③《フォント》グループの 游明朝(本文) （フォント）の ▼ をクリックし、一覧から《MSゴシック》を選択
④《フォント》グループの 10.5 （フォントサイズ）の ▼ をクリックし、一覧から《20》を選択
⑤《フォント》グループの B （太字）をクリック
⑥《フォント》グループの U ▼ （下線）の ▼ をクリック
⑦《━━━━》（二重下線）をクリック
⑧《段落》グループの ≡ （中央揃え）をクリック

⑥
①「下記のとおり」を選択
②《ホーム》タブを選択
③《クリップボード》グループの ✂ （切り取り）をクリック
④「…新シリーズのカタログを」の後ろにカーソルを移動
⑤《クリップボード》グループの 📋 （貼り付け）をクリック

⑦
①「新シリーズの」を選択
② Delete を押す

⑧
①「…ご送付いたしますので、」の後ろにカーソルを移動
②「ご査収のほど」と入力

⑨
①「＜送付内容＞」から「コンパクトLX…」までの行を選択
②《ホーム》タブを選択
③《段落》グループの ⇥ （インデントを増やす）を7回クリック

⑩
①「デジタルカメラ…」から「コンパクトLX…」までの行を選択
②《ホーム》タブを選択
③《段落》グループの ≔ （段落番号）の ▼ をクリック
④《①②③》をクリック

⑪
①《ファイル》タブを選択
②《印刷》をクリック
③印刷イメージを確認

④《部数》が「1」になっていることを確認
⑤《プリンター》に出力するプリンターの名前が表示されていることを確認
⑥《印刷》をクリック

総合問題2

①
①「FOMファニチャー株式会社」の下の行にカーソルを移動
②「代表取締役　青木　宗助」と入力

②
①「2019年4月9日」の行にカーソルを移動
②《ホーム》タブを選択
③《段落》グループの （右揃え）をクリック
④「FOMファニチャー株式会社」から「代表取締役　青木　宗助」までの行を選択
⑤ F4 を押す

③
①「東京ショールーム移転のお知らせ」の行を選択
②《ホーム》タブを選択
③《フォント》グループの 10.5 （フォントサイズ）の をクリックし、一覧から《14》を選択
④《段落》グループの （中央揃え）をクリック

④
①「営業開始日…」の行を選択
② Ctrl を押しながら、「新住所…」から「最寄り駅　：」までの行を選択
③《ホーム》タブを選択
④《段落》グループの （インデントを増やす）を2回クリック

⑤
①「営業開始日…」の行を選択
② Ctrl を押しながら、「新住所…」から「最寄り駅　：」までの行を選択
③《ホーム》タブを選択
④《段落》グループの （箇条書き）の をクリック
⑤《■》をクリック

⑥
①「※5月11日(土)までは…」から「※5月12日(日)は…」までの行を選択
②《ホーム》タブを選択
③《段落》グループの （インデントを増やす）を10回クリック

⑦
①「最寄り駅　：」の下の行にカーソルを移動
②《挿入》タブを選択
③《表》グループの （表の追加）をクリック
④下に4マス分、右に4マス分の位置をクリック
⑤表に文字を入力

⑧
①表の2～4行4列目のセルを選択
②《表ツール》の《レイアウト》タブを選択
③《結合》グループの セルの結合（セルの結合）をクリック

⑨
①表全体を選択
②任意の列の右側の罫線をダブルクリック
③□（表のサイズ変更ハンドル）を下方向にドラッグ

⑩
①表の1行目を選択
②《表ツール》の《レイアウト》タブを選択
③《配置》グループの （中央揃え）をクリック
④表の2～4行目を選択
⑤《配置》グループの （両端揃え（中央））をクリック

⑪
①表の1行目を選択
②《表ツール》の《デザイン》タブを選択
③《表のスタイル》グループの （塗りつぶし）の をクリック
④《テーマの色》の《白、背景1、黒＋基本色25％》（左から1番目、上から4番目）をクリック

⑫
①表の1行目を選択
②《表ツール》の《デザイン》タブを選択

③《飾り枠》グループの 0.5 pt （ペンの太さ）の をクリック
④《1.5pt》をクリック
⑤《飾り枠》グループの （罫線）の 罫線 をクリック
⑥《下罫線》をクリック

⑬
①表全体を選択
②《ホーム》タブを選択
③《段落》グループの （中央揃え）をクリック

総合問題3

①
①《レイアウト》タブを選択
②《ページ設定》グループの （ページ設定）をクリック
③《用紙》タブを選択
④《用紙サイズ》が《A4》になっていることを確認
⑤《余白》タブを選択
⑥《印刷の向き》の《縦》をクリック
⑦《余白》の《上》を「25mm」、《下》を「20mm」に設定
⑧《OK》をクリック

②
①「日　　時」を選択
②[Ctrl]を押しながら、「場　　所」「種　　目」「試合方法」「申込方法」「申込期限」を選択
③《ホーム》タブを選択
④《フォント》グループの I （斜体）をクリック
⑤《フォント》グループの U （下線）をクリック

③
①「日　　時…」から「申込方法…」までの行を選択
②[Ctrl]を押しながら、「申込期限…」の行を選択
③《ホーム》タブを選択
④《段落》グループの （段落番号）の をクリック
⑤《1.2.3.》をクリック

④
①「※1チーム6名…」から「チームは同期や部署内で…」までの行を選択
②《ホーム》タブを選択

③《段落》グループの （インデントを増やす）を9回クリック

⑤
①「担当：白川（内線：XXXX）」の下の行を選択
②《ホーム》タブを選択
③《段落》グループの （罫線）の をクリック
④《線種とページ罫線と網かけの設定》をクリック
⑤《罫線》タブを選択
⑥《設定対象》が《段落》になっていることを確認
⑦左側の《種類》の《指定》をクリック
⑧中央の《種類》の《------------》をクリック
⑨《プレビュー》の をクリック
⑩《OK》をクリック

⑥
①文末にカーソルを移動
②《挿入》タブを選択
③《表》グループの （表の追加）をクリック
④下に7マス分、右に6マス分の位置をクリック
⑤表に文字を入力

⑦
①表の1列目の右側の罫線を左方向にドラッグ
②表の3列目の右側の罫線を左方向にドラッグ
③表の5列目の右側の罫線を右方向にドラッグ

⑧
①表内にカーソルを移動
②《表ツール》の《デザイン》タブを選択
③《表のスタイル》グループの （その他）をクリック
④《グリッドテーブル》の《グリッド（表）6カラフル-アクセント6》（左から7番目、上から6番目）をクリック
⑤《表スタイルのオプション》グループの《縞模様（行）》を □ にする

⑨
①表の1行目を選択
②《表ツール》の《デザイン》タブを選択
③《表のスタイル》グループの （塗りつぶし）の をクリック
④《テーマの色》の《緑、アクセント6、白+基本色80%》（左から10番目、上から2番目）をクリック

⑩
① 表の1行目を選択
②《表ツール》の《レイアウト》タブを選択
③《配置》グループの （上揃え（中央））をクリック
④ 表の1列目を選択
⑤ [F4]を押す

総合問題4

①
①「■受講者」の下の行にカーソルを移動
②《挿入》タブを選択
③《表》グループの （表の追加）をクリック
④ 下に3マス分、右に4マス分の位置をクリック
⑤ 表に文字を入力

②
①「■受講者」の表の1行2～4列目のセルを選択
②《表ツール》の《レイアウト》タブを選択
③《結合》グループの セルの結合 （セルの結合）をクリック
※選択を解除しておきましょう。

③
①「■受講者」の表の1列目の右側の罫線を左方向にドラッグ
②「■受講者」の表の3列目の右側の罫線を左方向にドラッグ

④
①「■受講者」の表の1列目を選択
②《ホーム》タブを選択
③《段落》グループの （均等割り付け）をクリック
④「社員番号」と「メールアドレス」のセルを選択
⑤ [F4]を押す

⑤
①「■受講者」の表の1列目を選択
②《表ツール》の《デザイン》タブを選択
③《表のスタイル》グループの （塗りつぶし）の 塗りつぶし をクリック
④《テーマの色》の《白、背景1、黒＋基本色25％》（左から1番目、上から4番目）をクリック

⑤「社員番号」と「メールアドレス」のセルを選択
⑥ [F4]を押す

⑥
①「■受講内容」の表の1行2列目のセルにカーソルを移動
②《表ツール》の《レイアウト》タブを選択
③《結合》グループの セルの分割 （セルの分割）をクリック
④《列数》を「3」に設定
⑤《行数》を「1」に設定
⑥《OK》をクリック
⑦ 1行3列目のセルに「主催元」と入力

⑦
①「■受講内容」の表の「主催元」のセルの左側の罫線を右方向にドラッグ
②「■受講内容」の表の「主催元」のセルの右側の罫線を左方向にドラッグ
③「■受講内容」の表の「主催元」のセルにカーソルを移動
④《表ツール》の《デザイン》タブを選択
⑤《表のスタイル》グループの （塗りつぶし）をクリック
⑥《ホーム》タブを選択
⑦《段落》グループの （均等割り付け）をクリック

⑧
①「受講費用」と「受講内容」の行の間の罫線の左側をポイント
② ⊕をクリック
③ 挿入した行の1列目のセルに「受講理由」と入力

⑨
①「■受講内容」の表の「受講費用」の行を選択
② [Back Space]を押す

⑩
①「■受講内容」の表の「受講内容」の下の行の下側の罫線を下方向にドラッグ
②「■受講内容」の表の「所感」の下の行の下側の罫線を下方向にドラッグ

⑪
①「＜押印欄＞」の表の2列目を選択
② [Back Space]を押す

⑫
① 「＜押印欄＞」の表全体を選択
② 《ホーム》タブを選択
③ 《段落》グループの ≡ （右揃え）をクリック
④ 「＜押印欄＞」の行にカーソルを移動
⑤ 《段落》グループの ➡ （インデントを増やす）を22回クリック

⑬
① 「■受講者」の表全体を選択
② 《表ツール》の《デザイン》タブを選択
③ 《飾り枠》グループの 0.5pt （ペンの太さ）の ▾ をクリック
④ 《2.25pt》をクリック
⑤ 《飾り枠》グループの （罫線）の 罫線 をクリック
⑥ 《外枠》をクリック
⑦ 「■受講内容」の表全体を選択
⑧ F4 を押す

総合問題5

①
① 《レイアウト》タブを選択
② 《ページ設定》グループの （ページ設定）をクリック
③ 《用紙》タブを選択
④ 《用紙サイズ》が《A4》になっていることを確認
⑤ 《余白》タブを選択
⑥ 《印刷の向き》の《縦》をクリック
⑦ 《余白》の《上》《左》《右》を「20mm」、《下》を「15mm」に設定
⑧ 《OK》をクリック

②
① 「2019年夏号」の下の行にカーソルを移動
② 《挿入》タブを選択
③ 《テキスト》グループの （ワードアートの挿入）をクリック
④ 《塗りつぶし：オレンジ、アクセントカラー2；輪郭：オレンジ、アクセントカラー2》（左から3番目、上から1番目）をクリック
⑤ 「みなと市防犯ニュース」と入力

③
① ワードアートを選択
② 《ホーム》タブを選択
③ 《フォント》グループの 游明朝(本文) （フォント）の ▾ をクリックし、一覧から《Meiryo UI》を選択
④ 《フォント》グループの 36 （フォントサイズ）の ▾ をクリックし、一覧から《48》を選択
⑤ ワードアートの枠線を移動先までドラッグ

④
① 「あなたの家は大丈夫？～住まいの防犯対策～」を選択
② 《ホーム》タブを選択
③ 《フォント》グループの 游明朝(本文) （フォント）の ▾ をクリックし、一覧から《MSゴシック》を選択
④ 《フォント》グループの 10.5 （フォントサイズ）の ▾ をクリックし、一覧から《12》を選択
⑤ 《フォント》グループの A （フォントの色）の ▾ をクリック
⑥ 《標準の色》の《青》（左から8番目）をクリック
⑦ 《フォント》グループの A （文字の効果と体裁）をクリック
⑧ 《影》をポイント
⑨ 《外側》の《オフセット：右下》（左から1番目、上から1番目）をクリック

⑤
① 「あなたの家は大丈夫？～住まいの防犯対策～」を選択
② 《ホーム》タブを選択
③ 《クリップボード》グループの （書式のコピー/貼り付け）をクリック
④ 「市民防犯講演会を開催します！」をドラッグ

⑥
① 「1件目は…」の段落にカーソルを移動
② 《挿入》タブを選択
③ 《テキスト》グループの （ドロップキャップの追加）をクリック
④ 《ドロップキャップのオプション》をクリック
⑤ 《位置》の《本文内に表示》をクリック
⑥ 《ドロップする行数》を「2」に設定
⑦ 《OK》をクリック
⑧ 「2件目は…」の段落にカーソルを移動

⑨ [F4]を押す
⑩「3件目は…」の段落にカーソルを移動
⑪ [F4]を押す

⑦
①「日時」を選択
②[Ctrl]を押しながら、「場所」「お問合せ窓口」を選択
③《ホーム》タブを選択
④《フォント》グループの 游明朝(本文(▼)（フォント）の ▼ をクリックし、一覧から《MSゴシック》を選択

⑧
①「日時」の行を選択
②[Ctrl]を押しながら、「場所」「お問合せ窓口」の行を選択
③《ホーム》タブを選択
④《段落》グループの ≡▼ （箇条書き）の ▼ をクリック
⑤《▶》をクリック

⑨
①「8月26日（月）…」の行を選択
②[Ctrl]を押しながら、「みなと市文化会館…」の行、「みなと市危機管理課」から「電話) 04X-334-XXXX…」までの行を選択
③《ホーム》タブを選択
④《段落》グループの ≡ （インデントを増やす）を2回クリック

⑩
①「日時」から「電話) 04X-334-XXXX…」までの行を選択
②《ホーム》タブを選択
③《段落》グループの ↕ （行と段落の間隔）をクリック
④《1.15》をクリック

総合問題6

①
①「みなと市防犯ニュース」の行を選択
②《ホーム》タブを選択
③《段落》グループの ▦▼ （罫線）の ▼ をクリック
④《線種とページ罫線と網かけの設定》をクリック
⑤《罫線》タブを選択
⑥《設定対象》が《段落》になっていることを確認
⑦左側の《種類》の《指定》をクリック
⑧中央の《種類》の《━━━━━》をクリック
⑨《色》の ▼ をクリック
⑩《テーマの色》の《ゴールド、アクセント4》（左から8番目、上から1番目）をクリック
⑪《線の太さ》の ▼ をクリックし、一覧から《4.5pt》を選択
⑫《プレビュー》の ▦ をクリック
⑬中央の《種類》の《━━━━━》をクリック
⑭《線の太さ》の ▼ をクリックし、一覧から《4.5pt》を選択
⑮《プレビュー》の ▦ をクリック
⑯《OK》をクリック
※選択を解除しておきましょう。

②
①《挿入》タブを選択
②《図》グループの 図形▼ （図形の作成）をクリック
③《基本図形》の ☀ （太陽）をクリック
④マウスポインターの形が ✚ に変わったら、左上から右下へドラッグ
⑤図形が選択されていることを確認
⑥《書式》タブを選択
⑦《図形のスタイル》グループの ▼ （その他）をクリック
⑧《テーマスタイル》の《塗りつぶし - オレンジ、アクセント2》（左から3番目、上から2番目）をクリック

③
①「あなたの家は大丈夫？～住まいの防犯対策～」を選択
②《ホーム》タブを選択
③《フォント》グループの 10.5▼ （フォントサイズ）の ▼ をクリックし、一覧から《12》を選択
④《フォント》グループの A▼ （文字の効果と体裁）をクリック
⑤《塗りつぶし：青、アクセントカラー1；影》（左から2番目、上から1番目）をクリック
⑥《フォント》グループの B （太字）をクリック

④
①「あなたの家は大丈夫？～住まいの防犯対策～」を選択
②《ホーム》タブを選択

③《クリップボード》グループの ♦ (書式のコピー/貼り付け)をダブルクリック
④「市民防犯講演会を開催します！」をドラッグ
⑤「防犯活動リーダー養成講座　受講者募集！」をドラッグ
⑥「街頭防犯カメラの設置について」をドラッグ
⑦ Esc を押す

⑤

① 「防犯活動リーダー養成講座　受講者募集！」の行の先頭にカーソルを移動
② Ctrl + Enter を押す

⑥

① 「8月27日(火)は、みなと市文化会館　小ホールになります。」の前にカーソルを移動
②《ホーム》タブを選択
③《フォント》グループの 字 (囲い文字)をクリック
④《スタイル》の《外枠のサイズを合わせる》をクリック
⑤《文字》の一覧から《注》を選択
⑥《囲み》の一覧から《○》を選択
⑦《OK》をクリック

⑦

① 「①電話・FAXでのお申し込み…」から「または、みなと駅前支所総務課防犯担当」までの行を選択
②《表示》タブを選択
③《表示》グループの《ルーラー》を ☑ にする
④ タブの種類が L (左揃えタブ)になっていることを確認
⑤ 水平ルーラーの約22字の位置をクリック
⑥ 「①電話・FAXでのお申し込み」の後ろにカーソルを移動
⑦ Tab を押す
⑧ 「②窓口でのお申し込み」の後ろにカーソルを移動
⑨ Tab を押す
⑩ 「または、みなと駅前支所総務課防犯担当」の行の先頭にカーソルを移動
⑪ Tab を押す
※ルーラーを非表示にしておきましょう。

⑧

① 「講座プログラム」の表内にカーソルを移動
②《表ツール》の《デザイン》タブを選択
③《表のスタイル》グループの ▼ (その他)をクリック

④《グリッドテーブル》の《グリッド(表)5濃色-アクセント4》(左から5番目、上から5番目)をクリック
⑤《表スタイルのオプション》グループの《縞模様(行)》を ☐ にする
⑥《表スタイルのオプション》グループの《最初の列》を ☐ にする
⑦ 同様に、「開催日程」の表にスタイルを設定

⑨

① 「講座プログラム」の表全体を選択
②《ホーム》タブを選択
③《段落》グループの ≡ (中央揃え)をクリック
④ 同様に、「開催日程」の表に中央揃えを設定

⑩

① 文頭にカーソルを移動
②《表示》タブを選択
③《表示》グループの《ナビゲーションウィンドウ》を ☑ にする
④《ナビゲーションウィンドウ》の 🔍 (さらに検索)をクリック
⑤《置換》をクリック
⑥《置換》タブを選択
⑦《検索する文字列》に「27日(火)」と入力
⑧《置換後の文字列》に「26日(月)」と入力
⑨《すべて置換》をクリック
※3個の項目が置換されます。
⑩《OK》をクリック
⑪《閉じる》をクリック
※ナビゲーションウィンドウを閉じておきましょう。

⑪

①《挿入》タブを選択
②《ヘッダーとフッター》グループの ページ番号▼ (ページ番号の追加)をクリック
③《ページの下部》をポイント
④《X/Yページ》の《太字の番号2》をクリック
⑤《ヘッダー/フッターツール》の《デザイン》タブを選択
⑥《位置》グループの 📐 (下からのフッター位置)を「5mm」に設定
⑦《閉じる》グループの ✕ (ヘッダーとフッターを閉じる)をクリック

総合問題7

①
① 文頭にカーソルがあることを確認
②《挿入》タブを選択
③《テキスト》グループの ![A] (ワードアートの挿入) をクリック
④《塗りつぶし：青、アクセントカラー1；影》（左から2番目、上から1番目）をクリック
⑤「Piano & Lunch」と入力
※編集記号を表示している場合は、ワードアートの半角空白は「・」のように表示されます。「・」は印刷されません。

②
① ワードアートを選択
②《書式》タブを選択
③《ワードアートのスタイル》グループの ![A] (文字の効果) をクリック
④《変形》をポイント
⑤《形状》の《凹レンズ：下》（左から4番目、上から6番目）をクリック

③
① ワードアートを選択
② ![] (レイアウトオプション) をクリック
③《文字列の折り返し》の ![] (背面) をクリック
④《レイアウトオプション》の × (閉じる) をクリック
⑤ ワードアートの○ (ハンドル) をドラッグして、サイズ変更
⑥ ワードアートの枠線をドラッグして移動

④
①「期間」を選択
②「Ctrl」を押しながら、「時間」「コース・料金」「演奏者」を選択
③《ホーム》タブを選択
④《段落》グループの ![] (均等割り付け) をクリック
⑤《新しい文字列の幅》を《5字》に設定
⑥《OK》をクリック

⑤
①「期間…」から「演奏者…」までの行を選択
②《表示》タブを選択
③《表示》グループの《ルーラー》を✓にする
④ タブの種類が ![L] (左揃えタブ) になっていることを確認
⑤ 水平ルーラーの約10字の位置をクリック
⑥「期間」の後ろにカーソルを移動
⑦「Tab」を押す
⑧「時間」の後ろにカーソルを移動
⑨「Tab」を押す
⑩「コース・料金」の後ろにカーソルを移動
⑪「Tab」を押す
⑫「コンチェルト：3,000円」の行の先頭にカーソルを移動
⑬「Tab」を押す
⑭「(サービス料・税込)」の行の先頭にカーソルを移動
⑮「Tab」を押す
⑯「演奏者」の後ろにカーソルを移動
⑰「Tab」を押す
※ルーラーを非表示にしておきましょう。

⑥
①「期間」の行の先頭にカーソルを移動
②《挿入》タブを選択
③《図》グループの ![画像] (ファイルから) をクリック
④ 画像が保存されている場所を開く
※《ドキュメント》→「Word2019基礎」→「総合問題」を選択します。
⑤ 一覧から「ピアノ」を選択
⑥《挿入》をクリック

⑦
① 画像を選択
② ![] (レイアウトオプション) をクリック
③《文字列の折り返し》の ![] (背面) をクリック
④《レイアウトオプション》の × (閉じる) をクリック
⑤ 画像をドラッグして移動
⑥ 画像の○ (ハンドル) をドラッグして、サイズ変更

⑧
①「♪アンサンブル」から「…全7品」までの行を選択
②《レイアウト》タブを選択
③《ページ設定》グループの ![段組み] (段の追加または削除) をクリック
④《2段》をクリック

⑨

① 「♪アンサンブル」を選択
② 《ホーム》タブを選択
③ 《フォント》グループの ![A] (文字の効果と体裁) をクリック
④ 《塗りつぶし：灰色、アクセントカラー3；面取り（シャープ）》（左から5番目、上から2番目）をクリック
⑤ 「♪コンチェルト」を選択
⑥ F4 を押す
⑦ 「レストラン・SEAGULL」から「電　　話：078-333-XXXX」までの行を選択
⑧ F4 を押す

⑩

① 「SEAGULL」を選択
② 《ホーム》タブを選択
③ 《フォント》グループの ![ア亜] (ルビ) をクリック
④ 《ルビ》に「シーガル」と入力
⑤ 《OK》をクリック

⑪

① 《デザイン》タブを選択
② 《ページの背景》グループの ![ページ罫線] (罫線と網掛け) をクリック
③ 《ページ罫線》タブを選択
④ 左側の《種類》の《囲む》をクリック
⑤ 《絵柄》の ⋁ をクリックし、一覧から《■■■■■》を選択
⑥ 《色》の ⋁ をクリック
⑦ 《テーマの色》の《青、アクセント1》（左から5番目、上から1番目）をクリック
⑧ 《線の太さ》を「12pt」に設定
⑨ 《OK》をクリック

⑫

① 《デザイン》タブを選択
② 《ドキュメントの書式設定》グループの ![配色] (テーマの色) をクリック
③ 《赤味がかったオレンジ》をクリック

総合問題8

①

① 《デザイン》タブを選択
② 《ドキュメントの書式設定》グループの ![テーマ] (テーマ) をクリック
③ 《ギャラリー》をクリック

②

① 文頭にカーソルがあることを確認
② 《挿入》タブを選択
③ 《テキスト》グループの ![A] (ワードアートの挿入) をクリック
④ 《塗りつぶし：白；輪郭：ピンク、アクセントカラー2；影（ぼかしなし）：ピンク、アクセントカラー2》（左から4番目、上から3番目）をクリック
⑤ 「母の日特別ギフトのご案内」と入力

③

① ワードアートを選択
② 《書式》タブを選択
③ 《ワードアートのスタイル》グループの ![A] (文字の効果) をクリック
④ 《光彩》をポイント
⑤ 《光彩の種類》の《光彩：5pt；ピンク、アクセントカラー2》（左から2番目、上から1番目）をクリック
⑥ 《ワードアートのスタイル》グループの ![A] (文字の効果) をクリック
⑦ 《変形》をポイント
⑧ 《形状》の《凹レンズ》（左から2番目、上から6番目）をクリック

④

① ワードアートを選択
② ワードアートの○（ハンドル）をドラッグして、サイズ変更
③ ワードアートをドラッグして移動

⑤

① 《挿入》タブを選択
② 《図》グループの （図形の作成）をクリック
③ 《四角形》の （正方形/長方形）をクリック

④マウスポインターの形が十に変わったら、左上から右下へドラッグ
⑤図形が選択されていることを確認
⑥《書式》タブを選択
⑦《図形のスタイル》グループの ▼（その他）をクリック
⑧《テーマスタイル》の《パステル - ラベンダー、アクセント3》（左から4番目、上から4番目）をクリック
⑨《配置》グループの 文字列の折り返し（文字列の折り返し）をクリック
⑩《背面》をクリック

⑥

①「商品案内」の行を選択
②Ctrlを押しながら、「特典」「お届け期間…」「お申込み方法」「お問合せ先」の行を選択
③《ホーム》タブを選択
④《段落》グループの ≡▼（箇条書き）の▼をクリック
⑤《◆》をクリック

⑦

①「商品案内」の行を選択
②《ホーム》タブを選択
③《フォント》グループの 12▼（フォントサイズ）の▼をクリックし、一覧から《14》を選択
④《フォント》グループの A▼（文字の効果と体裁）をクリック
⑤《塗りつぶし：赤、アクセントカラー1；影》（左から2番目、上から1番目）をクリック

⑧

①「商品案内」の行を選択
②《ホーム》タブを選択
③《クリップボード》グループの ✦（書式のコピー/貼り付け）をダブルクリック
④「特典」の行をドラッグ
⑤「お届け期間…」の行を選択
⑥「お申込み方法」の行を選択
⑦「お問合せ先」の行を選択
⑧Escを押す

⑨

①「・特別販売価格…」から「・長く楽しむための…」までの行を選択
②Ctrlを押しながら、「申込用紙に…」「Florist FOM　担当…」の行を選択

③《ホーム》タブを選択
④《段落》グループの →≡（インデントを増やす）を2回クリック

⑩

①「商品番号①…」の行の先頭にカーソルを移動
②《挿入》タブを選択
③《図》グループの 画像（ファイルから）をクリック
④画像が保存されている場所を開く
※《ドキュメント》→「Word2019基礎」→「総合問題」を選択します。
⑤一覧から「カーネーション」を選択
⑥《挿入》をクリック
⑦画像が選択されていることを確認
⑧ （レイアウトオプション）をクリック
⑨《文字列の折り返し》の ▢（四角形）をクリック
⑩《レイアウトオプション》の ✕（閉じる）をクリック
⑪《書式》タブを選択
⑫《図のスタイル》グループの（画像のスタイル）をクリック
⑬《四角形、面取り》（左から1番目、上から5番目）をクリック
⑭画像をドラッグして移動
⑮画像の○（ハンドル）をドラッグして、サイズ変更
⑯「商品番号②…」の行の先頭にカーソルを移動
⑰同様に、「寄せ植え」を挿入し、文字列の折り返しと図のスタイルを設定
⑱画像をドラッグして移動
⑲画像の○（ハンドル）をドラッグして、サイズ変更

総合問題9

①

①「■母の日特別ギフト　申込用紙■」の行の先頭にカーソルを移動
②Ctrl+Enterを押す

②

①「お届け先①」の下の行にカーソルを移動
②《挿入》タブを選択
③《表》グループの（表の追加）をクリック
④下に4マス分、右に3マス分の位置をクリック
⑤表に文字を入力

③
① 表の1～2行1列目のセルを選択
② 《表ツール》の《レイアウト》タブを選択
③ 《結合》グループの ▣セルの結合 （セルの結合）をクリック
④ 表の4行1～3列目のセルを選択
⑤ F4 を押す

④
① 表の2列目の右側の罫線を右方向にドラッグ
② 表の1列目の右側の罫線を右方向にドラッグ
③ 表の4行目の下側の罫線を下方向にドラッグ

⑤
① 3行3列目のセルにカーソルを移動
② 《表ツール》の《レイアウト》タブを選択
③ 《配置》グループの ▣ （中央揃え（右））をクリック
④ 4行1列目のセルにカーソルを移動
⑤ F4 を押す

⑥
① 1～3行2列目のセルを選択
② 《ホーム》タブを選択
③ 《段落》グループの ▣ （均等割り付け）をクリック
④ 《表ツール》の《デザイン》タブを選択
⑤ 《表のスタイル》グループの ▣ （塗りつぶし）の ▣ をクリック
⑥ 《テーマの色》の《ピンク、アクセント2、白+基本色60%》（左から6番目、上から3番目）をクリック

⑦
① 「お届け先①」の表全体を選択
② 《ホーム》タブを選択
③ 《クリップボード》グループの ▣ （コピー）をクリック
④ 「お届け先②」の行の下にカーソルを移動
⑤ 《クリップボード》グループの ▣ （貼り付け）をクリック
⑥ 「お届け先③」の行の下にカーソルを移動
⑦ 《クリップボード》グループの ▣ （貼り付け）をクリック

⑧
① 「お届け先③」の表の2行下にカーソルを移動
② 《挿入》タブを選択
③ 《表》グループの ▣ （表の追加）をクリック
④ 下に3マス分、右に4マス分の位置をクリック
⑤ 表に文字を入力

⑨
① 「ご依頼主」の表の1列目を選択
② 《表ツール》の《レイアウト》タブを選択
③ 《結合》グループの ▣セルの結合 （セルの結合）をクリック
④ 「ご依頼主」の表の2列目を選択
⑤ F4 を押す
※選択を解除しておきましょう。

⑩
① 「ご依頼主」の表の1列目の右側の罫線を左方向にドラッグ
② 「ご依頼主」の表の2列目の右側の罫線を左方向にドラッグ
③ 「ご依頼主」の表の3列目の右側の罫線を左方向にドラッグ
④ 「ご依頼主」の表全体を選択
⑤ 《表ツール》の《レイアウト》タブを選択
⑥ 《セルのサイズ》グループの ▣ （高さを揃える）をクリック

⑪
① 「ご依頼主」の表の2列目のセルにカーソルを移動
② 《表ツール》の《レイアウト》タブを選択
③ 《配置》グループの ▣ （下揃え（右））をクリック
④ 「ご依頼主」の表の3列目を選択
⑤ 《配置》グループの ▣ （中央揃え）をクリック
※選択を解除しておきましょう。

⑫
① 「ご依頼主」の表の3列目を選択
② 《ホーム》タブを選択
③ 《段落》グループの ▣ （均等割り付け）をクリック
④ 「ご依頼主」の表の1列目を選択
⑤ 《表ツール》の《デザイン》タブを選択
⑥ 《表のスタイル》グループの ▣ （塗りつぶし）をクリック
⑦ 「ご依頼主」の表の3列目を選択
⑧ F4 を押す

⑬

① 「<Florist FOM使用欄>」の表内をポイント
② □ (表のサイズ変更ハンドル)を左方向にドラッグ
③ 「<Florist FOM使用欄>」の表全体を選択
④ 《ホーム》タブを選択
⑤ 《段落》グループの ≡ (右揃え)をクリック

⑭

① 《ファイル》タブを選択
② 《エクスポート》をクリック
③ 《PDF/XPSドキュメントの作成》をクリック
④ 《PDF/XPSの作成》をクリック
⑤ PDFファイルを保存する場所を開く
※《ドキュメント》→「Word2019基礎」→「総合問題」を選択します。
⑥ 《ファイル名》に「特別ギフトのご案内(配布用)」と入力
⑦ 《ファイルの種類》が《PDF》になっていることを確認
⑧ 《発行後にファイルを開く》を ☑ にする
⑨ 《発行》をクリック

総合問題10

①

① 《デザイン》タブを選択
② 《ドキュメントの書式設定》グループの (テーマの色)をクリック
③ 《赤》をクリック
④ 《ドキュメントの書式設定》グループの (テーマのフォント)をクリック
⑤ 《Arial》をクリック

②

① 1行目の「Roseクッキングスクール」を選択
② 《ホーム》タブを選択
③ 《フォント》グループの 10.5 (フォントサイズ)の をクリックし、一覧から《36》を選択
④ 《フォント》グループの A (文字の効果と体裁)をクリック
⑤ 《塗りつぶし:白;輪郭:オレンジ、アクセントカラー2;影(ぼかしなし):オレンジ、アクセントカラー2》(左から4番目、上から3番目)をクリック
⑥ 「少人数で・ゆっくり…目指しています。」を選択

⑦ 《フォント》グループの 10.5 (フォントサイズ)の をクリックし、一覧から《12》を選択
⑧ 《フォント》グループの A (文字の効果と体裁)をクリック
⑨ 《塗りつぶし:白;輪郭:オレンジ、アクセントカラー2;影(ぼかしなし):オレンジ、アクセントカラー2》(左から4番目、上から3番目)をクリック
⑩ 「■基礎クラス■」を選択
⑪ 《フォント》グループの 10.5 (フォントサイズ)の をクリックし、一覧から《16》を選択
⑫ 《フォント》グループの A (文字の効果と体裁)をクリック
⑬ 《塗りつぶし:黒、文字色1;輪郭:白、背景色1;影(ぼかしなし):白、背景色1》(左から1番目、上から3番目)をクリック
⑭ 「※四季クラス・デザートクラス…ご受講ください。」を選択
⑮ 《フォント》グループの 10.5 (フォントサイズ)の をクリックし、一覧から《8》を選択
⑯ 下から2行目の「Roseクッキングスクール」を選択
⑰ 《フォント》グループの 10.5 (フォントサイズ)の をクリックし、一覧から《18》を選択
⑱ 《フォント》グループの A (文字の効果と体裁)をクリック
⑲ 《塗りつぶし:オレンジ、アクセントカラー2;輪郭:オレンジ、アクセントカラー2》(左から3番目、上から1番目)をクリック
⑳ 「札幌市中央区北一条西X-X　緑ビル2F」を選択
㉑ 《フォント》グループの 10.5 (フォントサイズ)の をクリックし、一覧から《12》を選択
㉒ 「TEL&FAX　011-210-XXXX」を選択
㉓ [F4]を押す

③

① 「■基礎クラス■」を選択
② 《ホーム》タブを選択
③ 《クリップボード》グループの (書式のコピー/貼り付け)をダブルクリック
④ 「■専科クラス■」をドラッグ
⑤ 「■四季クラス■」をドラッグ
⑥ 「■デザートクラス■」をドラッグ
⑦ 「■英語でクッキング■」をドラッグ
⑧ 「◆今月のレッスンスケジュール(2019年8月)◆」をドラッグ
⑨ [Esc]を押す

④

①「■基礎クラス■」から「…英会話がレッスンできるコースです。」までの行を選択
②《レイアウト》タブを選択
③《ページ設定》グループの 段組み (段の追加または削除)をクリック
④《2段》をクリック
⑤「■デザートクラス■」の行の先頭にカーソルを移動
⑥《ページ設定》グループの 区切り (ページ/セクション区切りの挿入)をクリック
⑦《ページ区切り》の《段区切り》をクリック

⑤

①表内にカーソルを移動
②《表ツール》の《デザイン》タブを選択
③《表のスタイル》グループの (その他)をクリック
④《グリッドテーブル》の《グリッド(表)5濃色 - アクセント4》(左から5番目、上から5番目)をクリック

⑥

①表の1行1列目のセルにカーソルを移動
②《表ツール》の《デザイン》タブを選択
③《飾り枠》グループの ペンの色 (ペンの色)をクリック
④《テーマの色》の《白、背景1》(左から1番目、上から1番目)をクリック
⑤《飾り枠》グループの (罫線)の 罫線 をクリック
⑥《斜め罫線(右下がり)》をクリック
⑦空欄のセルにカーソルを移動
⑧ F4 を押す
⑨同様に、空欄のセルに右下がりの斜め罫線を引く

⑦

①表全体を選択
②《表ツール》の《レイアウト》タブを選択
③《配置》グループの (中央揃え)をクリック

⑧

①表全体を選択
②《ホーム》タブを選択
③《段落》グループの (中央揃え)をクリック
※選択を解除しておきましょう。

⑨

①1行目の「Roseクッキングスクール」の行の先頭にカーソルを移動
②《挿入》タブを選択
③《図》グループの 画像 (ファイルから)をクリック
④画像が保存されている場所を開く
※《ドキュメント》→「Word2019基礎」→「総合問題」を選択します。
⑤一覧から「バラ」を選択
⑥《挿入》をクリック

⑩

①画像を選択
② (レイアウトオプション)をクリック
③《文字列の折り返し》の (背面)をクリック
④《レイアウトオプション》の × (閉じる)をクリック
⑤《書式》タブを選択
⑥《図のスタイル》グループの (画像のスタイル)をクリック
⑦《四角形、右下方向の影付き》(左から4番目、上から1番目)をクリック

⑪

①画像をドラッグして移動
※文書の外側に画像がはみ出さないように移動します。
②画像の○(ハンドル)をドラッグして、サイズ変更

© FUJITSU FOM LIMITED 2019